The Fast-Track Strategy to Make Extra Money and Start a
Business in Your Spare Time

Buy
Buttons

發掘共享經濟時代新商機，
讓知識、技能、物品變黃金的
300個絕技

尼克・洛普 Nick Loper

著

許芳菊 ———— 譯

一鍵
獲利

目次

一鍵獲利
Buy Buttons

前言

「這是最好的時代，也是最壞的時代；這是明智的時代，也是愚蠢的時代；這是信仰的時期，也是懷疑的時期；這是光明的季節，也是黑暗的季節；這是希望的春天，也是絕望的冬天⋯⋯」

——狄更斯（Charles Dickens）
《雙城記》，1859年

狄更斯在一百五十年前寫下這些話，但這些話今天聽起來，不也是異常的準確嗎？

　　現在若不是有史以來最偉大的時代，不然就是世界末日即將來臨、人類將全部滅絕的時代，這取決你談話的對象是誰，讀了哪些新聞，或是看了哪個電視頻道。

　　瞧瞧我新手機的功能有多酷！

　　我最新的 Instagram 照片有五十個人按讚耶！

　　我等不及要看《紙牌屋》的下一集了！

　　但就在同時：

　　我們已經債台高築！

　　各國政府都在崩潰邊緣！

　　我們所有的工作都被自動化或外包了！

1　問題所在

　　我知道負面的問題出在哪裡，特別是從經濟的角度來看的話。通膨調整後的實質薪資已經三十年沒有增加，但是我們最大筆的預算支出，像是住房、交通、教育的花費已經增加了 30% 至

150%，而工作保障聽起來就像是個互相矛盾的名詞。

美國有一半的家庭為退休所準備的儲蓄少於 5 千美元。更可怕的是，47% 的家庭手邊沒有足夠的現金用來支付臨時飛來一筆的 400 美元帳單，像是汽車維修的費用。平均而言，我們都背負著數千美元高利息的信用卡債。

要如何才能有出人頭地的一天？

有無力感是很自然的，你彷彿被整個系統所玩弄。但是不管是否被玩弄，沒有人會為你改變它。你可以打敗這個系統，但是你必須改變方法。

而這正是「最好的時代」這部分登場的地方。儘管讓人憂愁恐懼的負面消息鋪天蓋地而來，但我們正處於一個創業的文藝復興時代之中。創業活動正接近歷史新高，經濟學家預期到了 2020 年，有一半的勞動人口將屬於自由工作者或自我僱用的個體戶。

待在一家受人尊敬的公司工作，在過去被認為是一個「穩定」的職業生涯；相對於此，創業則是一種冒險、魯莽的選擇，但是現在全球卻有三分之二的成人將創業視為「良好的職涯選擇」。在這些成人之中，每五人就有一人計畫在未來三年之內創業。

不管這樣的改變是出於自願或是對環境變化所做出的反應，也不管這是正面或負面，都沒有關係，總之它正在發生。時代的巨輪已經轉動。我的朋友是這麼說的：「我們都已經是創業家了。如果你是一位上班族，你的老闆就是你最大的客戶。」

事實是，我們對自己的財務狀況比起歷史上任何一個時代都有更多的掌控權，而且我們必須採取更多的掌控。

智者有云，通往財富的道路只有兩條：賺更多，或花更少。眼前這本書談的並不是關於省錢、簡樸生活，或是成為折價券達人。我只是希望你能夠意識到，事情都有正反兩面。

但重點在此：既然能省下的開銷有限，我想要把重點放在收入面。

大部分的人認為他們的收入是固定的。甚至有句話是這麼說的：「我領的是一份死薪水。」

胡扯！

這本書是有關於如何「鬆綁」你的固定收入。事實上，跟過去比起來，今天你有更多的機會可以利用閒暇時間賺取收入。你的收入從來都不是固定的；事實上，它是無可限量的。你能幫愈多人，就能賺愈多錢。而且你並不需要一個殺手級的商業新構想，或是動輒數百萬美元的創業資本才能進行。

2　解決之道

這本書將會詳盡地分享如何提升你的賺錢能力——利用你自己的時間，根據你自身的條件，而且不會讓你一根蠟燭兩頭燒。我們會審視現實生活中如同你我一般的真實案例，看看他們是

如何做到的。

在此先透露一下劇情：這本書裡面並沒有什麼快速致富的祕訣。相反的，你將學習到一些已經被證明有效的策略，幫助你邁入正在蓬勃發展中的 P2P 經濟（peer-to-peer，點對點經濟），以增加你的收入，讓你的收入來源更加多元，減輕你依賴上班薪水過日子的程度。

因為你正在閱讀這本書，我知道你是認真地在思考如何改善你的狀況，賺更多的錢，建立一個更幸福的人生。

在調查了數千位像你一樣打算在正職之外賺取收入的人之後，我發現三個不斷反覆出現的挑戰：

①時間──我沒有足夠的時間！
②構想──我沒有做生意的好點子！
③資金──我沒有足夠的錢可以創業！

針對這些挑戰，我將為你做好萬全的準備，提供你數百個創造收入的構想，而且不須耗費大量的時間或金錢就能展開行動。

我會把重點放在現存的市場，你可以將你的專業、時間和資產放在這些市場上銷售或出租。現在已經有數以百計的交易平台，你可以在上面添加上你的「購買鍵」。

你不必從頭開始尋找客戶、設計網頁，甚至不用擔心買賣支付的相關流程。每個平台都已經有一群現成的潛在買家，正在尋找你販賣的東西。

這些平台是創業的「誘導毒品」。它們很容易上手，第一次成交就能帶給你快感，你會不斷地想再回來做更多嘗試。

這不是一本傳統的創業書籍，而這些交易，也許並不是你通常會聯想到的那類型生意。但是它們行得通，而且有利可圖。

你會讀到耶尼悉（Jeff Yenisch）的案例，他是一位住在佛羅里達州坦帕市的工程師，他靠著在 P2P 汽車出租網站 Turo.com 上出租他的車輛，每個月賺取 1500 美元。

你會讀到凱寧（Alexandra Kenin）的案例，她是一名行銷經理和編輯，她利用業餘時間在舊金山舉辦城市健行，每位參加者收費 49 美元。過去一年，凱寧帶領超過一千位民眾健行，其中許多人是透過旅行或觀光網站，像是 TripAdvisor.com 和 Viator.com 聯絡到她。

你會讀到奧爾森（Carrie Olsen）的案例，她一開始是在 Voices.com 競標配音工作。現在她是一位全職的配音演員，通常一個案子就可以賺取數千美元，合作對象包括 REI 和 Disneyworld 等知名品牌。

你會讀到帕雷爾拉（Kat Parrella）的案例，她過去在紐約是一名資訊工程人員，現在則是一位全職的平面設計師，部分要歸功於她在 Zazzle.com 網站上的成功。

你會讀到芬利（Ryan Finlay）的案例，他償還了 2 萬美元的債務，現在靠著在 Craigslist 網站上買賣商品養活一家七口。

我們將探索一些最受歡迎的市場，加上一些較不知名的選擇，深入了解他們最成功的做法，以幫助你踏出第一步，做成你的

第一筆生意。

讀完這本書，你將會獲得你所需要的資訊、靈感和方向，採取行動，依照自己的時間表，賺取額外的收入。要賺多少錢，要投資多少時間，全都由你自己決定。但請明白這點：買家就在那裡，而我會告訴你，如何來到他們的面前。

3 為什麼是我？

做為一名創業家，我一直在挖掘市場的力量，而我在這方面已經有十幾年的經驗了。

我領教到「購買鍵」威力的早期經驗之一，是我在大學經營油漆房子的生意時。兩個暑假之內，我和我的組員漆了五、六十棟房子，做了價值 15 萬美元的生意。

第一年，我主要的行銷管道是老套的陌生推銷拜訪。下課之後，我必須開車到我負責的地盤，沿途敲門拜訪，並且預估接下來這個週末的行程。

陌生拜訪的問題是效率超級低落。是的，我的確可以直接跟屋主（我的銷售目標）當面推銷，但是他們並不處於「購買模式」，而且有重新油漆需求的客戶，在這個市場裡只占很小的比例。

接下來的一年，年紀大了點，也學聰明了點，我決定減少陌

生拜訪這種苦差事。但是該如何才能更有效率地出現在有興趣重新裝潢的屋主面前呢？我偶然發現一個叫做「西雅圖居家展」的活動，於是我登記了一個展覽攤位。

在展覽會上，有數百個商家競相爭取目光，但也有成千上萬名屋主在走道上閒逛，準備花錢裝潢自己的房子。

（一個大學生，高高盤踞於梯子上揮舞著旗幟，是吸引目光很有用的一招。）

短短四天之內，我和夥伴們收集到數十個潛在客戶的線索，最後拿到超過 7 萬美元的生意。這是一個讓人大開眼界的經驗，你只要走到目標客戶已經存在的地方，然後在上面放上你的「購買鍵」，你就能體會到這樣做的威力有多麼強大。

從那時候開始，我就一再使用同樣的行銷策略。當我在網路上賣鞋子時，我會在 Google 上針對與鞋子搜尋相關的字眼買關鍵字廣告。當我開始銷售數位產品與服務業務時，我在 Fiverr.com 設立了一家商店。當我創立了一門網路課程，我則將它放上 Udemy.com 銷售。

在我推出播客節目時，我會想辦法讓它可以在 iTunes 播出。甚至在打算拍賣我家車庫裡的東西時，我也會利用 eBay 或 Craigslist 這樣的市場平台。

事實上，我也正在利用亞馬遜網站（Amazon）所擁有的廣大讀者群，讓你手上正在閱讀的這本書，可以更加暢銷。

市場就遍布在我們周遭；你可能每個月都在大量地使用這些市場，甚至連想都沒想過。在接下來的篇幅裡，我會打開你的

視野，讓你看到那些近在眼前，能夠帶給你新收入的賺錢機會，希望這本書可以激發出你一些創意構想，一些你過去從沒想到的好點子。

4　真實案例，真實成果

透過《副業一族》（*The Side Hustle Show*）這個播客節目，我已經訪問了超過一百五十位了不起的創業家，而這個節目也已經被下載超過一百五十萬次。這個節目經常談到的主題，就是利用現有的市場兼差賺外快，並且開展出更大的事業。

最令我感到興奮的就是，大家接受了這個想法，並且採取行動。

凱文是一位從律師轉型的創業家。他在 Amazon 上銷售他的書，光是前兩個月就賺了 2 千美元，並且增加了五百個電子郵件訂戶名單。

丹是一位行政助理，做的是一份「沒有出路的工作」（用他自己的話說），但是他在 eBay 轉售商品，頭三個月就賺進 3 千美元。

阿嘉是芝加哥的一位資訊工程顧問，她一直透過在 Udemy. com 開課，賺取她的副業收入。她每個月藉由網路課程賺進 300 美元。

格尼金是一位專業的舞台催眠師，他利用業餘時間在 Upwork.com 爭取到寫文案的工作，已經賺進了數千美元。

吉娜經營著一家電商店鋪，她將愛爾蘭的公寓放在 Airbnb 上出租，九個月就進帳 2 萬 5 千美元。

希迪奇白天是一名財務主任，他在 Amazon 網站兼做副業轉售商品，不到一年就賺了超過 10 萬美元。

他們的共同點在於，他們都是在現成的平台上建立生意，這讓買家比較容易找到他們，並且跟他們下單。這本書將會一五一十地告訴你，這些人及其他數十個案例，是如何建立他們的「購買鍵」，以創造豐厚的副業收入。

5　我的保證

在接下來的篇幅中，我保證你至少可以找到一個平台，在上面設立你的「購買鍵」，創造工作之外的收入來源。萬一你找不到，只要告訴我一聲（我的聯絡方式在這本書的最後面），我會把你的書買回來，不會多問一句話。

現在，還有比這更划算的買賣嗎？

準備好了嗎？讓我們開始吧！

I

市場的力量

「因為錢就那裡。」

　　　　　——薩頓（Willie Sutton），美國銀行搶匪
　　　　　（回答為什麼他要搶銀行的時候是這麼說的。）

簡單來說，市場就是連繫買家和賣家的地方。人類建立市場已經有幾千年的歷史，從古希臘時代的市集，到今天的亞馬遜網站都是。

去年我和妻子到訪土耳其伊斯坦堡，特別去了大巴扎（Grand Bazaar）仔細逛逛。大巴扎已經持續營運超過五百年，有超過四千家商店在此落腳，它號稱是世界上第一家購物廣場。

在你所居住的城鎮，大概也有類似的市場，只是規模小一些，像是：農夫市集、舊物交換聚會、跳蚤市場、年貨大街、全市車庫大拍賣等等。凡此種種，都是買家連結到賣家的例子。

在過去二十年——甚至是過去五年——我們目睹「利基市場」的大爆發，這些利基市場專攻一些非常特定的交易。

想要租艘遊艇？ BoatBound.co 就可以幫你搞定。

需要幫你的公司設計一個商標？上 DesignCrowd.com 找找吧。

想學葡萄牙語，為你明年夏天的巴西之旅做準備？ Verbling.com 可以幫上忙。

雖然這本書主要著重在網路市場，以及行動裝置上的應用程式（Application，簡稱 APP），我也涵蓋了一些「在地」的市場供你參考。其中有許多是在促成社區之間貨品與服務的交流，這是你在家鄉就可以接觸到買家的絕佳途徑。

（然而，如果你不是住在大城市裡，或是大城市的附近，那麼，就輪到「虛擬」市場這個選項登場的時候了，這些虛擬市場是不受地點限制的。）

在這本書中，你將看到主要分成三大類型的市場：

①共享經濟
②銷售技能的市場
③銷售實體產品的市場

第一類是共享經濟。這類型的平台與應用程式，目的在去除各類交易中的「中間商」。在這個章節中，你會發掘將近兩百個共享經濟的市場，你也會看到善於利用這類型平台的創業家與副業一族。

接下來的章節，則會包含銷售你個人技能的市場。不管你是多才多藝，或是有某方面的高超技能，都有機會找到某個平台是針對你的產業或專業而設置的。如果你覺得自己沒有什麼值得拿出來銷售的技能，這個章節也會提供你一些想法和信心。

第三類市場則是你可以銷售實體產品的地方。儘管世界愈來愈走向數位化，但是我們還是得不時地購買實體產品。這個章節將介紹一些最令人振奮和蓬勃發展中的好機會，幫助你接觸到大量的買家。

雙邊市場真的很難建立。畢竟，如果沒有任何買家，賣家沒有理由在這裡設立商店；而如果這裡沒有任何賣家，買家也沒必要來這裡停留。這本書中列出的市場，也面臨同樣的挑戰，但是都已經逐漸度過初期吸引雙邊關鍵臨界量的階段。

當買家的需求量多於賣家的時候，這就是站在賣方的最佳時

機，而且你可以提高售價。相反的，如果某個市場上的賣家已經人滿為患，價格就會在競相殺價的戰局中被壓低。

在這本書中所介紹的每個市場，我們都會想辦法讓你的購買鍵脫穎而出，獲得關注。

 為什麼市場對賣家的威力如此強大？

想像在一條荒涼的高速公路旁開一家冰淇淋店。你有全世界最美味的冰淇淋，最多樣的口味選擇，最漂亮的新店面。你拋頭顱、灑熱血，不惜汗水、淚水，使出洪荒之力開創出這一片事業，設計出最完美的食譜，砸下重金買下最高檔的設備，精挑細選出座位和招牌。

但是沒有人知道你的店鋪，更糟的是，從來沒人開車經過這裡，更別說發現這家店面了。

一個星期之後，你的夢想破滅了，你會以為自己天生就不是塊創業的料。

這聽起來很愚蠢，但是我看過太多人在創業的時候，犯了跟上面這個例子同樣的錯誤。他們把所有的時間、精力、金錢全部都放在建置網站，準備「開張做生意」。他們深信「把它建好了，就會有人來」的理論，但是這不是電影《夢幻成真》裡的劇情。

與其把店面開在愛荷華州的玉米田中（《夢幻成真》電影裡的場景），為什麼不把你的購買鍵，放在已經有客戶進出的地方？與其把冰淇淋店開在荒郊野外，還不如趁著炎炎夏日，把你的店面開在市區裡的黃金地段。

今天的市場正可以讓你有能力做到這點。在開張的第一天，你的東西就可以讓成千上百，甚至數百萬個潛在買家看到。以前從來沒有如此快速上市的管道存在，而且創業的成本很低，甚至是零。

2 ▶ 迷你搜尋引擎

試想這些平台，就有如消費者的迷你搜尋引擎。你不必跟整個互聯網競爭以博取目光。

躍上 Google 搜尋結果的首頁是很困難的，但是要出現在某一個利基市場搜尋結果的首頁，則容易得多。而每一個市場都是發掘潛在客戶的新管道，也是增加你收入和生意的新機會。

以 Airbnb 為例。二十年前，如果你想把多出來的空房租出去，或是想把你的公寓變成度假小屋出租，你要如何才能接觸到潛在的客戶呢？在後院張貼出租啟示？或是刊登在報紙的分類廣告上？

透過建立一個活絡的市場，Airbnb 有效地為屋主開啟了一條

未經開發的收入來源。

 轉變心態

　　每一筆交易都有買家和賣家,把你自己放在等式的另一邊。試想,你有什麼東西可以拿出來賣?

　　從消費者轉變成創造者是很令人興奮的。在你賺進第一筆工作以外收入的那一刻,你會感覺到擁有掌控生活的自主權。這是邁向財務自由的一個重要行動。

　　這些市場之中,有許多隸屬於共享經濟這個類型之下,而這就是我們旅程展開的地方。

共享經濟

「我們所有的關係都是人與人的關係。這牽涉到人的視覺、聽覺、觸覺，以及彼此說話的方式；這牽涉到物品的分享；也牽涉到道德價值，像是慷慨與同情。」

——邁爾斯（Brendan Myers），加拿大哲學家、作家

1 什麼是共享經濟？

　　有人稱它為共享經濟，有人稱它為隨選經濟，也有人稱它為協同消費。不管你怎麼稱呼它，它正以驚人的速度，巨大地影響我們做生意的方式，並同時破壞現有的產業。

　　我在這裡所要談論的，是人與人之間互相交易往來的復興──這個復興運動是由不斷增長的交易市場與應用程式所帶動。

　　如果我們回溯到兩百年前，幾乎所有的商業活動都是 P2P 經濟，對吧？我們在小鎮的廣場上做買賣，左鄰右舍大家彼此都認識。然後，大企業入侵，接管了這個世界。從某種意義上來說，「共享經濟」──在網站與應用程式的協助下──正在幫助我們回到根本，展開新一波的 P2P 連結、交易和互動。

　　共享經濟的前提是，在我們的生活中仍然有未被充分利用的資產（我們的房子、車子、物品、專業、時間、資金等等），而我們可以在創造雙贏的交易下，將這些資產銷售或出租給我們的鄰居。

2　經濟效應

　　根據普華永道會計事務所的數據，這些應用程式驅動的 P2P 交易，所釋放出來的經濟活動產值，預估將從 2013 年的 150 億美元，上升到 2025 年的 3 千億美元。所以，不要誤以為自己已經錯失了賺錢的良機。我們還處於這場經濟轉型的早期階段。

　　想要分一杯羹嗎？

　　這個章節所要談的，全部都是關於如何幫助你參與其中的要領。

　　五分之一的美國成年人，都曾經以賣家的身分參與共享經濟；而有將近一半的人，曾經以買家的身分使用過這些服務。

　　共享經濟的參與者，傾向比一般消費者更年輕，受教育程度更高，但是不論教育程度如何，各個年齡層都有機會。

3　彈性與機會

　　根據史丹佛大學 2014 年一份 1099 人的調查，共享經濟工作者每小時賺取的收入，中位數為 18 美元，以美國勞工局 2014 年 5 月的統計來看，這比起所有職業的中位數 17.09 美元，幾乎多出了 1 美元。這意味著，如果你每天只抽出一個小時，並

且達到中位數的賺錢水準，你一個月就可以多賺 500 美元，或是一年多賺 6 千美元。

在這個章節裡，我們將審視幾個共享經濟的案例，有些賺得比每小時 18 美元多了許多。不意外的是，你所共享出來的資產愈大、愈稀有，或愈珍貴，你賺到的錢就愈多。

根據《時代雜誌》的一份報導，共享經濟的賣家，有一半表示他們的財務狀況好轉，並且相對於那些未參與共享經濟的賣家，他們對未來很明顯地感到更樂觀。

共享經濟的「一般」賣家——如果真的可以用這個詞來形容的話——每個月只投入十個小時參與其中。事實上，超過 90% 的賣家都是兼差賺外快，證明了這是一種可以同時兼顧全職工作，並且賺取收入的絕佳方式。

也許這就是共享經濟的最大賣點所在：它有能力讓你憑藉自己的條件，根據自己的時間，不須「孤注一擲」辭去工作，就能創業賺錢。

共享經濟的工作者之中，有 43% 表示他們更喜歡獨立自主的隨選工作，即使要犧牲工作的保障與福利也在所不惜。（持平來說，也有將近同樣比例的人表示，寧可放棄這樣的獨立自主，換取更穩定的工作。）

然而，能夠自主安排時間的彈性與自由，還是吸引了許多人參與共享經濟。我最近在芝加哥遇到一位 Uber 的司機，他對此做出了最佳的解釋：「當我想要賺點錢，我就打開我的應用程式。」

共享經濟是建立在信任基礎之上。在實際運作中，這通常牽涉到雙方的評鑑系統，在其中，賣家評鑑買家，買家也評鑑賣家。

這給了賣方提供良好服務的誘因，禮貌待客，講究誠信，為他們所提供的服務創造出好名聲。如果他們在任何一個區塊的表現欠佳，消費者將會對他們做出糟糕的評價。除非他們洗心革面改善品質，否則在這個平台上，他們將難以贏得消費者的青睞。

以 Uber 為例，司機必須維持在 4.6 顆星的評價（最高五顆星），否則他們恐怕會被踢出這個應用程式。

同樣的，買家也會獲得評價。如果我是一個大混蛋，或是我把 Airbnb 的出租房間搞得一塌糊塗，我的屋主將會對我做出惡劣的評價，這會讓我下一回很難再訂到房間。（屋主同時也受到 100 萬美元責任保險政策的保護。）

基於這個原因，雙方都有善待彼此的理由。也許這終將會帶來更文明與友善的社會！

可以確定的是，共享經濟也有許多缺點和風險。但在深入探討這部分之前，我想要先分享一些有潛力的平台，你可以善加利用，以賺取工作以外的收入。

有什麼是你可以與人共享的？我們來一探究竟吧！

Ⅲ

共享經濟平台

這個章節將介紹將近兩百個不同的共享經濟平台，以便向你展示這裡的市場空間有多廣泛。其中有一些是家喻戶曉的知名平台，例如 Uber 和 Airbnb，但是有許多可能對你來說依然很陌生。

事實上，共享經濟不只是把多餘的空間出租，或是載著乘客在你的城市到處趴趴走，它比這些還更深入許多。這個章節將會呈現出數十個市場，保證能夠激發出你源源不絕的創意，你可以在這些市場添加上你的購買鍵。

在此特別提醒一下，這之中有許多公司都是新創企業，目前也許僅能在某些特定的城市或國家使用。我聚焦於英語平台，但是你通常也可以透過搜尋，在你的區域找到類似的選擇，或是你可以藉由接洽你中意的平台，並且提供它協助，將它服務的範圍擴展到你所在的地區。

循著未充分利用的資產這個主軸，這個章節將依照字母排列，列出你可以共享的資產。其中的某些平台，我必須承認的確有點瘋狂，不過這就是它好玩的地方！

1 共享你的船隻

在 Boatbound.co 上面，你可以把你的船隻出租給居住在內陸的同好。只要輸入「boats nearby」（附近的船隻）這幾個字快

速搜尋，就可以看到眾多的搜尋結果，價錢從一天 230 美元到 950 美元不等。說真的，你有多常遨遊水上？

 其他可以考慮的平台

GetMyBoat——GetMyBoat.com 是另一個 P2P 船隻出租平台，待出租名單遍及世界各地。

Sailsquare——旅客可以直接參加由帆船船主提供的帆船體驗。船長收取每位乘客一週 500 美元或更多的費用，Sailsquare. com 表示目前它們的平台上已經有三萬名用戶。

Tubbber｜Boaterfly｜Antlos——這幾個平台提供 P2P 船隻出租，主要的據點在歐洲。

2 共享你的汽車

 共乘服務

Uber 是共享經濟裡眾所周知的超級巨星。這個共乘平台的先驅，基本上可以讓你做起計程車司機的生意，而且可以依據自

己的時間來載客賺錢。

根據 Uber 司機的回報，他們每小時大約賺 12 至 25 美元之間。

> 讀者紅利：還沒搭過 Uber 嗎？連結到 sidehustlenation.
> com/uber 可以獲得首次搭乘的優惠。

Lyft——如果你的車子符合 Uber 的要求，那麼你也可以加入 Lyft。這個共乘服務平台，品牌形象被刻意塑造成是「有車子的好朋友」，比起 Uber 這頭龐然大物，它可能更親切討喜一些。因為這點，身為一名乘客，我其實更喜歡 Lyft。

> 讀者紅利：還沒搭過 Lyft 嗎？連結到 sidehustlenation.
> com/lyft 可以獲得免費搭乘的優惠券。

BlaBlaCar——這個歐洲的共乘服務，可以讓你在即將出發的開車旅程中，找到其他人來填滿你的空位，並且幫你分攤一些旅費。

Wingz——Wingz.me 的司機只做機場接送的服務，價格統一，

而且沒有加成計費。你也可以把顧客變成你的老主顧，他們可以直接跟你叫車。根據該網站宣稱，最厲害的司機一個星期可以進帳 2 千美元。

Scoop——TakeScoop.com 這個汽車共乘應用程式，可以把和你前往同一個方向的通勤族湊在一起，讓你可以和他們一起分攤費用。這是共享概念的一個有趣變形，因為它著重在你每天都得走的那趟路——開車去上班。此外，你的這項收入是不必繳稅的，因為它被歸類為津貼而非車資。

Vugo——雖然不是特別針對共乘設計的應用程式，但是在 GoVugo.com 之下免費的 Vugo 應用程式，可以提供「相關媒體與內文式廣告」娛樂你的乘客，並且讓司機透過 PayPal 就可以輕鬆地用電子商務的方式接受小費，讓你在提供載乘服務之餘增加更多收入。

P2P 租車服務

《副業一族》的聽眾耶尼悉（Jeff Yenisch）傳給我一則訊息，分享有關於他在 P2P 租車服務 Turo 的成功經驗。如果你不喜歡 Uber 風格的載客方式，那麼你可以考慮把 Turo 當作另一個選擇。假設你的車子至少會有一段時間閒置不用，那麼 Turo 可以幫助你利用這段閒置的空檔創造收入。

耶尼悉是住在坦帕市的一名工程師，他表示在 Turo 上每週投入不過二至四個小時，一個月就可以賺到 1500 美元的利潤。「我的地點有一些先天的優勢，因為當地有一些觀光旅遊業，」他解釋，「我的顧客大部分從國外飛來這裡，而我就住在兩座機場的附近。」

他告訴我，去年他試著在為工作上的一名實習生尋找三個月的汽車出租時，無意間發現這個服務。因為這名實習生還未滿二十五歲，而且來自法國，傳統的汽車出租公司，光是陽春型的國民車，就要向他收取一個月超過 1500 美元的租金。「當我在為他研究是否還有其他選擇時，發現了 Turo，」耶尼悉說，「然後，我決定自己也來試試看。」

嗅聞到這其中的商機，耶尼悉從一名回收商手中買來一輛福特 Escape 的舊車，並且在這名實習生返回法國後，將這輛車出租了好幾個月。「這真是一棵搖錢樹。」他說。

耶尼悉把太太的七人座休旅車馬自達 CX-9 也放上網站，試探是否有人感興趣。現在幾乎全部的時間都租出去了。

「許多到訪此地的家庭，對休旅車都有強烈的需求，」他說，「而且我可以輕易地把休旅車的價錢降到比傳統租車公司便宜許多，還能賺到不錯的收入，比出租國民車的微薄利潤還有看頭。」

今年春天，耶尼悉決定擴大他的副業規模，在他的商品清單上添加更多選擇。「我租了兩輛全新的 Chevy Equinoxes，」他解釋，「多了這兩輛車 500 美元租金的成本，的確讓我有點焦

慮，這快到我的底線了，但是市場需求一直很熱絡。」耶尼悉說，這批生力軍加入他的「車隊」之後，讓他每個月增加 1500 美元的收入。

他提到對自己有利的另一個優勢是，他白天的工作經常出差。「我們幾乎很少同時需要兩輛車子，」他解釋，「我太太是全職家庭主婦，當我出差在外的時候，她會協助處理汽車接送的相關事務。」

我很好奇他要投入多少時間來跟顧客打交道、交代鑰匙、登記資料，進行車輛安全檢查等等。耶尼悉說，「在這三輛車之間，一週通常跟顧客碰面二至三次，把車子交給他們，或是在機場取回車子。考量到它的收益，投入的時間算是很少的。」他補充，大部分的顧客至少一租就一個星期，他也遇到租車一個月以上的客人。

「我認為利用 Turo 兼做副業，對許多人來說是可行的，」耶尼悉說，「隨著愈來愈多的旅客聞風而來，這個平台只會愈來愈興旺。」

Turo 提供每輛車子 100 萬美元責任保險，並且承擔車子受損或被偷的實質金額。

想當然耳，在熱門的旅遊景點，新一點的車子可以賺最多錢，Turo 在它的網站上甚至有一個很炫的小計算機，可以預估你可能會賺到多少錢。

 其他可以考慮的平台

GetAround——GetAround.com 跟 Turo 的概念類似，有的車主可以一年賺到 1 萬美元之多，出租的時間可以短到一個小時。沒有人規定你不能同時在這兩個市場上陳列，但是如果某些日期在其中一個平台已經有人預訂車子，而另一個平台還沒有被預訂的話，你要記得更新可出租的時間表。

Outdoorsy——Outdoorsy 是一個 P2P 休旅車出租平台，車主一天可以賺到 150 至 350 美元。公司負責處理訂車和付款事項，並提供 100 萬美元保險，以防萬一你的車子在路上出了意外。

> 讀者紅利：想要試乘嗎？請連結 sidehustlenation.com/outdoorsy 獲取你首次租車的 100 美元優惠。

Car Next Door——是澳洲 P2P 汽車出租服務的領導品牌，目前保證車主在平台上的前十二個月可以賺到 2 千美元，如果他們符合某些簽約標準的話。

easyCar Club——是一個以英國為據點的 P2P 汽車出租服務平台，車主一年可以賺到 3 千英鎊。

🔍 車輛廣告服務

當你和 Wrapify.com 簽約，你的車子會覆蓋上一個巨型的廣告，你賺錢的多寡，基本上是根據你開車的距離。在熱門地區的一般通勤族，一週可以賺取 50 至 100 美元。

《副業一族》的讀者桑德森（Janet Saunderson）是芝加哥的一名專案經理，根據她的說法，Wrapify 讓她一個月可以賺到 400 美元左右，「我就是開車去平常我本來就要開車去的地方而已！」

同樣的，如果你擁有 2005 年或是更新的車款，而且一個月開八百英里（約 1287 公里）以上，你就有資格在 Carvertise.com 上賺取每個廣告活動 300 至 650 美元的收益。這家公司從 2012 年成立以來，已經成為這個領域中較受肯定的業者之一。

🔍 送貨服務

卡斯曼（Tyler Castleman）是一名住在阿拉巴馬州伯明罕的兼職律師，也是個六歲孩子的媽。她透過 Shipt.com 在空閒時間幫人送貨，以補貼家用。

Shipt 服務的據點主要是美國南部的城市，但是類似的服務在美國和世界各地都有。根據 Shipt 的說法，Shipt 的購物者藉由收送貨物，一小時可以賺 15 至 25 美元。

「它不僅可以讓我賺點外快補貼家用，我也覺得自己是在幫

助別人，還可以一直認識新朋友。」卡斯曼說。

莫瑞（Robert Murray）表示，他在邁阿密兼差做 Shipt 的購物者，一個月可以賺 3 千美元，他還用這筆外快買了一部新車。

明尼亞波利斯州的哈（Kevin Ha）律師，透過 Postmates.com 應用程式提供單車送貨服務，賺取他的副業收入。「我喜歡騎單車，也需要運動，所以如果我想運動一兩個小時，我就會到 Postmates 看看，然後去送幾趟貨。」他表示，「我通常一小時可以賺 15 美元，依照我目前的速度，今年大概可以賺 2500 美元，這本來就是我在閒暇時間喜歡做的事情，附帶的好處是，騎著單車在城市裡趴趴走，對健康也很有幫助。」

 其他可以考慮的平台

Instacart——幫別人購物和送貨賺取費用。

Shyp——在特定的城市，你可以透過收送包裹賺取費用。

DoorDash——DoorDash.com 提供食物外送服務，一小時可賺取 25 美元。

Munchery——在你的社區提供送餐服務，一小時可賺取 20 美元，外加里程和手機流量津貼。

Saucey——外送酒類賺取費用。

Caviar——提供家庭和企業送餐服務，每小時可賺取25美元。

Amazon Flex——為特定市場亞馬遜送貨，每小時可賺18至25美元。

Deliv——Deliv.co是另一個隨選應用程式，司機可以透過在當地幫忙跑腿和送貨賺取費用。

Roadie | CitizenShipper——這些平台提供有運貨需求的旅客運送服務。行李箱有多出來的空間嗎？你可以透過運送跟你前往同一個方向的貨物，來減輕你的旅費。打零工的酬勞從10美元到1千美元都有，取決於運送貨品的大小，以及運送的距離。

3　共享你的照護

紐約的一位朋友真的在SitterCity.com上接到一筆名流人士的生意。SitterCity是一個廣大的幼兒照護市場，平均每兩分鐘就有父母在上面貼出工作需求。她的工作是教書，暑假剛好有空，因此她想尋找可以賺取外快的機會。結果她找到一個很棒的保

母工作，而且還和那個家庭建立了長久的友誼。

其他可以考慮的平台

Care.com——擁有超過一千九百萬名會員。Care.com 是幼兒照顧、老人照顧、寵物照顧、房子照顧的最大市場。

UrbanSitter——如果你喜歡小孩，這會是一個絕佳的副業。你可以自訂保母的收費標準、可服務的時間，以及服務的區域。因為 UrbanSitter.com 是向加入會員的父母收取月費，提供他們保母名單，所以你賺的錢可以 100% 全進到自己的口袋裡。

Talkspace——Talkspace.com 是一個讓你可以依照自己的需求，直接跟有執照的專業治療師會談的平台。另一方面，如果你是擁有專業執照的治療師，你可以在上面建立你的個人資料，並且在線上執業，一個月可以賺到 3 千美元。

DoulaMatch——就像它的名字所暗示的，DoulaMatch.net 是一個媒合陪產婦和有此需求民眾的市場。

MDLive——專業合格醫師、小兒科醫師和治療師，可以在 MDLive.com 的平台上接聽來自各地病人的電話。

每個週末，在舊金山遠離三十九號碼頭斑海豹的吠叫聲，也聽不到纜車叮噹響的地方，都有一群徒步的旅人，用不同的視野在探索這個城市。在三個小時之內，他們健行、爬坡，或一路在老街和風景名勝區快速步行。

他們是由凱寧（Alexandra Kenin），或是由她精挑細選出來的導遊帶隊，只要支付 49 美元就可以享受一趟獨特的旅程。凱寧是一位文案作家與編輯，她利用白天工作之餘，在 UrbanHikerSF.com 上經營這個副業。

做為來自美國東岸的一位移民，她經常用利用休閒時光用雙腳來探索她的新家園，這是受到《舊金山階梯漫步》（*Stairway Walks in San Francisco*）這本書的啟發。當她看到有公司提供漫步之旅、單車之旅、巴士之旅，甚至電動代步車之旅，她很好奇，在這個城市裡是否有健行之旅的需求。

凱寧規畫出三條她最喜歡的路線，並且研究沿途的歷史和各個景點。她架設了一個網站，而她的第一位顧客是她繼母介紹的。在獲得一些正面和建設性的回饋之後，她在 Zozi.com 這個規畫戶外活動的旅遊網站上，進行了僅此一次的優惠促銷活動。

有兩百名顧客買單，凱寧可從每位顧客身上淨賺 35 美元。這足以證明這門生意做得起來，而更重要的是，這讓她能

夠在其他旅遊平台上累積顧客評價，包括它們的開山始祖：TripAdvisor.com。

「在健行的時候，我會帶著相機幫旅客拍照，」凱寧說，「回來之後，我會寄謝卡給他們，並且附上下載照片的連結，同時拜託他們到 TripAdvisor 上留下評語。」

在 TripAdvisor 平台上的評語，幫她打開知名度，這帶動了良性循環，有愈來愈多人預訂行程，生意也愈來愈好。「因為我有三個小時的時間可以跟顧客面對面互動，跟他們混得比較熟，所以他們較樂於留下評語。」凱寧解釋。我們總以為只有大公司或豪華飯店才能出現在 TripAdvisor 上面，但是 P2P 的元素在它上面也是有賣點的。

每年有超過一千名旅客參加她的健行行程，她現在督導著一個四至五人的導遊團隊，這些導遊可以當她的替手。（當我們聯絡上她的時候，她人正在紐約，即使人不在舊金山，健行照樣進行，她可以從她經營的這個副業繼續賺取消極性所得。）（註：「消極性所得」原文為 passive income，例如股利、利息、權利金等。）

除了 TripAdvisor 之外，她還將她的旅遊活動整合在一起，放在其他招攬旅客的平台，包括 Vayable.com、 Viator.com 和 Verlocal.com。「透過 Viator，去年就帶來大約價值 5 千美元的收入。」凱寧補充說明，多增加一個平台，就多了一個方式可以接觸到潛在客戶。

她甚至參與了 Airbnb 的一個試行方案，這個方案在提供訂房

服務的時候，會推薦留在舊金山的旅客一份規畫好的當地活動列表。

UrbanHikerSF 的創業成本不高，平常營運也沒有太多開銷。凱寧利用現有的旅遊平台，將自己的嗜好變成一個蓬勃發展的副業，同時還幫助數千名旅客獲得獨特的旅遊經驗。

你有可能在你的城市裡開創類似的事業嗎？

🔍 其他可以考慮的平台

GetYourGuide——GetYourGuide.com 於全世界兩千三百個地點提供旅遊服務，你可以在這個平台上成為導遊，透過向旅客展現你的城市魅力，來賺取酬勞。

ToursByLocals——如果你已經是一位專業的導遊，你可以在ToursByLocals.com 這個平台上直接與客戶聯繫，多賺點錢過更好的生活。

WithLocals——主辦城市當地的美食與旅遊體驗。目前WithLocals.com 在歐洲和亞洲比較有吸引力。

Govoyagin——創造你獨特的當地旅遊體驗，當有遊客加入時，你就可以賺取酬勞。GoVoyagin.com 目前只在亞洲營運。

Rent-a-Guide——在全世界一百多個國家提供精挑細選的旅遊路線，在 rent-a-guide.com 這個平台上，你可以在上面自創旅遊行程，自訂報價，自挑客戶。

Trip4real——Trip4real.com 是一個可靠的平台，將當地居民與來自世界各地的遊客連繫在一起。只要點擊一下按鈕，當地的城市居民就可以提供他們感興趣的導遊或活動。當我在搜尋布拉格的選項時，我找到了一個啤酒之旅、一個博物館漫步行程，以及一個吹製玻璃展覽，一個人要價 15 至 60 美元。

Guidrr—— 在 Guidrr.com 的應用程式上成為一名「當地大使」，創造你的數位城市體驗。創作者可以用創造的內容獲得贊助，並獲得廠商詢問付費創作的機會。你所創造的旅遊體驗是提供個人自我體驗的，所以你不須親臨現場就可以賺到錢。

Getguided.co.uk——這個平台的規模雖然還小，但正在成長中，它提供英國某些特定城市 P2P 導遊的服務。

LocalAventura——LocalAventura.com 提供中南美洲真實、獨特、客製化的 P2P 旅遊體驗。

MeetnGreetMe——透過 MeetnGreetMe.com，你可以設立一家店鋪，做為你個人的旅遊服務禮賓櫃檯，你可以到機場跟旅

客「見面和問候」，帶他們到市區逛逛，用當地語言幫他們訂位或安排約會，透過這些服務賺取酬勞。

Blikkee——透過簡訊為旅客提供你個人的當地旅遊建議。免費的幫助是很常見的，但是當地「最內行」的玩家會收取推薦費用。例如，二十三歲的凱西（Dillon Casey）會收取 5 美元，推薦紐約布魯克林區她最喜歡的景點。

「我很樂於幫助那些來我們社區拜訪的遊客，」她說，「朋友說我給了非常棒的建議，這讓我喜出望外。我交到了新朋友，賺到了錢，還存了一筆到泰國玩的旅費！」Blikkee.com 不會讓你變富有，凱西今年到目前為止大約賺了 90 多美元，雖然不多，但對收入不無小補。

5 ▶ 共享你的衣服

透過 Style Lend 時尚共享平台，出租你的名牌服飾（你知道的，就是那些零售價超過 200 美元的服裝）。公司會免費幫你保管衣服，每次有人租用你的服飾，公司就會支付你費用。

新創公司 DataWallet.io 承諾讓你可以「利用你的資料來獲利」，包括你選擇在社群網站上分享的資料，像是 Facebook、 Instagram 和 Pinterest 等等。

選擇你想分享的內容，以及你想分享的公司，你的資料每賣出一次，就可以賺取 50 美元之多。

尼森（Catherine Nissen）藉著在華盛頓的家中舉辦晚宴賺取收入。她在 EatWith.com 平台上，一餐索價 65 美元，這個平台的宗旨在於將「廚師和美食家聚集在一起用餐」。

「我可以安排十二個人坐餐桌，八個人坐櫃台的高腳椅。」尼森說。這樣算起來，如果她的座位全部賣出去的話，一場活動就可以進帳 1300 美元。

尼森並不是專業廚師，但是她正在利用 EatWith.com 來轉行。「我並不是一個菜鳥廚師，」她解釋，「我跟著一位著名的黎

巴嫩廚師拜師學藝了八年，但是我並沒有上烹飪學校或專業廚房的經驗。」這位前珠寶與鞋履設計師，在這個平台上可以盡情揮灑，用另一種新的方式呈現她的創意。

她一直在開發新的菜色和搭配方式，而且很喜歡欣賞客人享受她親手烹調的美食，這帶給她「立即的滿足」。

我問尼森，邀請陌生人到她家，會不會讓她感到不安？但是她表示，「大部分時候，客人比你更擔心。」她還補充，透過 EatWith 的系統，你可以接受或回絕任何預約。「不入虎穴，焉得虎子。」她露出微笑。

她經常碰到的食客，是第一次約會的當地民眾，他們想要有點與眾不同的用餐經驗，或是想和朋友辦一次獨特的晚宴，但是不須自己當主人。在她提供第一次約會晚餐之後，口碑傳開來，常客還會帶著朋友來嘗嘗新的菜色。

「老實說，這一切都要歸功於照片。」尼森說，當我問她是如何在 EatWith 平台上脫穎而出的。「我們都是先用眼睛吃東西，然後其他的感官才開始發揮作用，特別是在網路上的時候。每一道菜，我都會從兩個不同的角度拍攝，再加上幾張場地的照片。」她說明。

除了另人垂涎三尺的照片之外，尼森也鼓勵客人在 EatWith 上面留下評語，這可以增加她的曝光率。其中一位客人留言：「我現在正要去她家用餐，這是過去兩個月來的第三次，主要是為了吃她煮的椰漿飯，還有享受她的開放式廚房，這間廚房可以媲美 Pinterest 上面的照片。」這位客人還補充，「這個

體驗最令人難忘之處，就在於尼森對烹飪的熱情。她對於食材非常地細膩用心，這會激發出你的欲望，想去品嘗一些新的東西。」

「EatWith 讓我學會企業化經營，如果我需要幫助的話，會有人伸出援手。」尼森說。 為了拓展她的事業，她正計畫和當地的一些特色雜貨店合作，為美食部落格作家和飯店接待員規畫活動。

主辦餐宴跟她之前的職業比較起來如何呢？「烹飪好玩多了！」她說。「EatWith 給了我自由和彈性，讓我可以自己安排菜色、時程和用餐體驗。」

其他可以考慮的平台

Feastly——在 EatFeastly.com 平台上主辦團體餐宴，讓你的廚藝增值。紐約的一位廚師表示，透過這個網站兼差，一個月可以賺到 1 千美元。

Bon Appetour——在你的家裡為旅客下廚，擔任餐宴主人，以賺取酬勞。

VizEat——這個美食分享的市場在歐洲很有影響力，它運作的方式跟在這裡列出來的平台類似。規畫你的美食體驗，訂好價格，安排你有空的時間來接待客人。

MiumMium——這是一個提供個人廚師和餐宴接待人員的購買鏈市場，在這裡，客人可以預訂當地的屋主和接待人員來舉辦晚宴和其他活動。每位客人收費 30 至 80 美元，依照你的菜色而定。

MealSharing.com——「在你的餐桌上添加幾副碗筷，就可以賺點外快。」只要設計好你的菜單、訂好價格，以及可用餐的時間，Meal Sharing 就會幫你找客人。

CookUnity——紐約的自由廚師可以加入 CookUnity.us 來使用它的廚房設備和打包服務，還能接觸到新的食客。

8 共享你的友誼？

是的。的確有這樣的網站。

What's Your Price——邀請所有的單身女子加入。在這個獨特的約會平台，你訂出第一次約會的價碼，如果有人約你出去，你就可以獲得酬勞。

根據該公司的部落格，外出約會一晚，女方索價從 10 美元到 300 美元都有，而且可能還要另外附加一頓晚餐。

Rent a Friend——根據 RentaFriend.com 的說法，你可以在這個純柏拉圖式的交友網站上，一小時賺到 50 美元之多。你可以接受你的新「朋友」僱用，陪他去看電影、吃飯、上健身房，或是任何在你個人自由描述中所包括的項目。

CuddleUp——CuddleUp 是一個提供僱用「擁抱」的服務平台。如果上面列出來的選項對你來說還不夠古怪，那麼你可以免費加入 CuddleUp.com，建立你的個人資料，開始接收請求擁抱的服務。我瀏覽了一下網站，發現收費從免費到一小時 99 美元都有。

9 ▶ 共享你的目標？

在 Pact 這個免費的應用程式上，只要你如實達到你的健

康目標，一週就可以賺到 5 美元。然而，這個系統採取榮譽制，你的酬勞是由那 8% 承認自己故態復萌的人來支付的。

10 共享你的品味

在 Kit.com 上面，你可以分享你最喜歡的東西，甚至不須讓東西離開你的視線。

你只須建立一個組合包（例如，你每次出差都會攜帶的隨身用品），並且做一個套裝連結到 Amazon 上，讓消費者可以購買這些產品。每當有人購買你推薦的產品，你就可以賺取酬勞。

11 共享你的住家

Airbnb 是大家最耳熟能詳的共享經濟平台之一，而且它已經吹皺了旅館業的一池春水。你可以把你的整棟房子、多餘的房間，或是地板上的氣墊床，甚至你家後院的一頂帳篷出租。

我的朋友瑞伯（Jasper Ribbers）是 Airbnb 在荷蘭的一名房東，

他說，「如果你在城鎮上擁有旅館，你就知道至少會有一些市場需求。」這個平台為廣大的六千萬名旅客提供旅館之外的不同選擇，通常更物美價廉，也更具有當地特色。對房東來說，Airbnb 以及其他類似的市場，提供屋主一個機會，利用他原本就擁有的房產，賺取更多額外收入，還可以跟來自全世界的旅客交朋友。

我是 Airbnb.com 的愛用者。（我到美國、西班牙、葡萄牙、義大利、土耳其和日本，都是住 Airbnb 的房子。）這絕對是充分利用你的房子賺錢，讓資產極大化的方法。你的房價將視當地市場的競爭程度來決定，價錢從一晚 40 美元到 300 美元都有可能！

來自亞特蘭大的瓊斯（Janelle Jones）是《副業一族》的讀者，她立即見識到 Airbnb 的威力。瓊斯是一位線上助理和兼差導遊，她正在尋找增加收入的方法。

「我在 Airbnb 上架我的第二間臥室，一晚索價 50 美元。」她補充說明，靠近亞特蘭大市區是她房子的一大賣點。「訂單開始湧入，我彷彿大夢初醒，『為什麼我沒有早點開始做這件事情呢？』」

瓊斯最後搬去跟朋友同住，這樣她就可以把她的整間公寓做為一個「完整的空間」上架出租，一晚開價高達 149 美元。她說到目前為止，這間公寓的入住率達 75% 至 90%，一個月平均可以進帳 3500 美元。

住在紐約市的一名財務助理富利（Ben Foley），對於 Airbnb

上的需求也感到驚訝。「我把客廳裡的一張氣墊床出租，一晚索價 80 美元，」富利說，「沒想到居然每晚都有人跟我們住在一起。」

就這樣「共好」了幾個月之後，富利決定收斂一點，只有當他和女友不在紐約的時候，才會把整間曼哈頓公寓出租出去。「下個月我們要去波多黎各幾個星期，而這段期間，這間公寓已經以 1600 美元出租出去了，」他表示，「這筆錢足以負擔我們的旅費，實在是太棒了！」

針對每次出租，Airbnb 都會提供房東 1 百萬美元的責任保險，但是這個平台還是允許你收取押金和基本的清潔費。「我收取 250 美元的保證金，」瓊斯說，「以防萬一客人弄壞家具或房子本身。」

每次出租，她還會加收 60 美元的清潔費，這筆錢直接交給清潔人員，他們負責在客人租退房的時候，把公寓交接給客人。

我問富利，當他不在的時候，如何保護他公寓裡的珍貴物品與重要文件？他回答，他們有保護珠寶的做法，他們在外頭租了一個保險箱，租金一年 80 美元。

在 Airbnb 上的頭三個月，富利和他的女朋友大約賺了 3500 美元。「這是非常好的副業收入，尤其是在生活費如此昂貴的紐約，」他還補充說，「這也是一個認識新朋友很酷的方式，我們 80% 的客人都是國際旅客，現在我們在全世界都有朋友。」

我很好奇房東要花多少時間在處理租退房的事宜，但是在瓊斯的這個案例中，她是讓整個流程自動化。「一切事務都是透

過電腦鍵盤搞定的，我不須見到客人。」她說。雖然這樣的確讓她省下不少時間，但是她懷疑，可能是因為缺乏人際互動，讓她在 Airbnb 平台上的評價受損。

「當我住在另一間房間的時候，我有機會和我的客人建立真實的關係和聯繫管道。」她補充解釋，關係可以帶來熱情的讚賞。瑞伯在世界各地旅行時，會把阿姆斯特丹的公寓租出去，他找到一個不錯的方法和客人維繫關係，房子的清潔人員會負責客人入住和退房，並且提供個人的關注。

無論如何，Airbnb 已經為瓊斯、瑞伯、富利，以及全球各地成千上萬的民眾，帶來為數可觀的副業收入。

> 讀者紅利：連結到 sidehustlenation.com/airbnb，獲取你第一次住宿的優惠。

 下一個階段：加碼投資 Airbnb

科爾格洛芙（Elizabeth Colegrove）和她的丈夫都還未滿三十歲，但已經建立他們的房地產王國，累積了八棟房子，數目還在增加之中。身為海軍家庭，他們一直在全美國各地駐紮，每當他們搬離一處，就可以把原本住的房子出租賺錢。

當我和科爾格洛芙談話時，她剛結算出這項投資組合可以讓

他們一個月淨賺 1800 美元現金，而她只須從遠端來管理。幾個月之後，她告訴我，他們把兩棟房子從一年一租的方式，改成短期出租。

「Airbnb 讓我的收入增加為原來的三倍，」她說，另外還補充，盈虧總額的改善，讓她可以辭去工作。「我們必須幫房子配備家具，每間房子大約花 3 千美元，但我們在頭兩個月就回本了。」

傳統上，房地產投資者都力求遵守 1% 原則，也就是說，你每個月收取的租金，至少要達到房子價值的 1%，而且愈高愈好。

例如，如果你有一棟 10 萬美元的房子，一個月的租金 1 千美元，這樣就划得來。問題在於，在某些市場很難達到 1% 的原則。「我們的房子過去大約只能達到平均 0.7% 的水準，」科爾格洛芙表示。這就好比一棟 20 萬美元的房子，一個月的租金只有 1400 美元。

但是如果說，一棟 20 萬美元的房子，透過短期出租，一晚可以租到 150 美元，即使一個月只有一半的時間租出去，那還是相當於一個月可以拿到 2250 美元的租金。如果你從一年期的租約裡可以獲得每個月 300 美元的現金流量，換成 Airbnb 半空房的出租計畫，一下子就可以讓你每個月的現金流量大幅增加到 1150 美元。

科爾格洛芙在企業租屋市場獲得一些初步的成功，在這裡，企業會支付較高的租金提供統包租房安置員工。「其中有一棟房子的租金從 1600 美元漲到 4400 美元，做為配備全套家具的

企業租房。」她解釋。

但是，這些額外的收入還須考慮到它附帶的一些缺點。短期出租會增加每個月的開銷，你可能需要做更多轉交的維護，花更多時間在管理客人住房和退房。

科爾格洛芙說，那棟 4400 美元租金的房子，一個月的開銷增加了 700 美元，用來支付景觀、游泳池的維護費，以及空調電費。如果你有任何一段時間房子空在那裡租不出去，這些額外的費用會變得很可怕。

「做企業租屋的生意，有點像是在玩一場詭異、緊張的懦夫賽局（game of chicken），」她解釋，「是可以賺一大筆錢沒錯，但是公司有時候會拖拖拉拉才敲定生意，這會弄得你心情七上八下，懷疑自己是不是該去做一次性的假期租屋比較划算。」這生意報酬更大，但也更讓人感到有壓力、焦慮。

然而，如果你正在考慮做房地產投資，很值得從長期出租和短期出租兩種角度來評估你的資產價值。如果你想進一步了解科爾格洛芙日益壯大的房地產王國，可以上她的部落格查詢，網址是 ReluctantLandlord.net

 其他可以考慮的平台

如果你想要在下列其中一個網站刊登租屋，建議你不妨把網撒得大一些，把所有網站一網打盡，全部刊登。只要確保記得當有人訂房的時候，在每個平台上更新你的可出租日期。

VRBO——假期租屋，由屋主提供。VRBO.com 是另一個短期假期租屋的市場。瓊斯提到她有一半的訂房，事實上是來自 VRBO 。

HomeAway——HomeAway.com 是一個廣受好評的假期租屋網站，專長於包棟出租。

HouseTrip——HouseTrip.com 是一個以歐洲為基地的包棟假期租屋市場。

FlipKey——FlipKey.com 是另一個假期出租網站，但有一個獨特的優勢，它一直和世界最受歡迎的旅遊網站之一 Tripadvisor.com 整合在一起，可以同時出現在它的平台上。

CorporateHousingByOwner——就如同這個名字所暗示的，在 CorporateHousingByOwner.com 這個市場裡，你可以將配有家具的房子出租給企業房客，長期或短期出租皆可，就像科爾格洛芙那樣。

Roomorama——Roomorama.com 是一個跟 Airbnb 類似的市場。

Homestay——這個平台專攻那些屋主會在場的訂房，我在 Airbnb 訂到的住處，一直都是「一整間」房子或公寓。當我在

為即將到來的聖地牙哥之旅尋找住處時，在這裡可以找到一個晚上 27 至 65 美元的住宿。

Wimdu | 9flats——是 Airbnb 的翻版，在歐洲比較有名氣。

Onefinestay——Onefinestay.com 是比較高檔的 Airbnb 翻版，專攻某些特定市場的豪華假期和短期出租。

Roomster | Roommates.com——這些網站專門協助有多餘房間的人，找到長期房客。

Farm Stay US——如果你住在牧場或農場，FarmStayUS.com 是一個利基市場，歡迎客人來到你的房子「重建人與土地的連結」。我搜尋了在加州離我比較近的住處，發現價錢從一晚 200 美元起跳。

Vrumi | Spacehop——Vrumi.com 和 Spacehop.com 這兩個網站都可以讓你在白天把房子出租，但不過夜。其想法是，當你在工作的時候，這些閒置的空間可以提供自由工作者、小型企業或新創公司使用。

12 共享你的點子

新公司經常需要找人幫忙，為他們的業務或產品線構思響亮的名字。Namestation.com 讓這些公司可以匯集眾人智慧，網羅像你這樣有創意的人為他們提供建議。根據這個網站的說法，最頂尖的貢獻者，每個月可以賺到 300 美元的兼差收入。

你也可以在 Innocentive.com 上提供令人耳目一新、解決問題的構想，以獲得現金獎勵。從 2008 年以來，這個網站已經發出數百萬美元的獎金，企業、非營利組織，甚至政府機關，都投入了大筆的金額。例如，NASA（沒錯，就是美國太空總署），支付了 1 萬 5 千美元給俄羅斯的柏德羅夫（Yury Bodrov），以獎勵他關於如何在太空中保持食物新鮮的構想；另外，也提供 2 萬 5 千美元給美國麻州的阿爾舒勒（Alex Altshuler），獎勵他對於發展「微重力洗衣系統」的幫助。

類似的網站還有 Jovoto.com，公司會向這個平台尋求協助，以解決生意上面臨的迫切危機，並且提供報酬給「創意人」，做為提供協助的獎勵，你也可以成為做出貢獻的創意人之一。從 2007 年以來，這個平台已經給出超過 6 百萬美元的獎金給這些「集體創意者」。

13 共享你的投資策略

Motif Investing 讓你可以創建自己的共同基金，一個 Motif 最多選定三十支股票，並且可以與他人共享你的投資組合。只要你加入 Motif 創作人版權計畫，每當有人購買你的 Motif，你就可以賺取 1 美元。

Instavest 可以讓你輕鬆地複製專業投資者的選股策略。如果你是個有經驗的投資者，可以在 Instavest.com 這個網站上分享你的投資「論文」，一篇可以賺取高達 5 千美元。

14 共享你的鎖定螢幕？

免費的應用程式 Slidejoy，會在你手機的鎖定螢幕放上廣告，每次你解開手機螢幕鎖定，你就可以賺到一筆錢，不論你是否與廣告互動。它不會讓你發財，不過可以讓你每月輕鬆賺到 5 至 15 美元。目前，Slidejoy 僅提供 Android 系統的配備使用。

15

共享你對動物的愛

你願意放棄高盛公司朝九晚五的工作，去照顧別人家的小狗嗎？

這正是紐約皇后區的麥可·連（Michael Lam），幾年前偶然發現 DogVacay.com 後所做的事情。

這個網站在 2012 年推出，它被稱為是「小狗照顧的Airbnb」，想要照顧狗的人，可以建立他們的檔案，設定照顧一晚的價格，寵物主人只要按幾下滑鼠，就可以找到當地的寵物保母。

這是個雙贏策略。這些保母都是由公司精挑細選出來的動物愛好者，而且經驗豐富；當主人不在的時候，小狗可以待在一個舒適的家，而不是只能窩在狗窩裡，寵物主人也能夠放心地把心愛的狗寶貝盡可能地交給最合適的人來照顧。

這個平台在美國和加拿大擁有兩萬五千名活躍的狗「房東」，包括想要增加收入的藝術家、創意自由工作者、學生、退休人士，甚至那些想要把它當作全職工作的人。

麥可就是後者的其中之一。他照顧一隻狗一晚要價 60 美元，在他皇后區的公寓裡，一次可以容納六隻小狗（一晚可以進帳高達 360 美元！），和他同住的還有他的妻子茱莉亞，和一隻叫陶比的黃金貴賓狗。

麥可在高盛做了五年多的程式設計師，但對辦公室裡的政治

鬥爭愈來愈感到厭倦。在他辭職之後，他原本計畫加入科技公司，或是設計手機應用程式。就是在這段待業期間，他偶然發現 DogVacay。

「我決定登記加入當狗房東，因為我有很多空閒時間，」麥可補充，「而且這看起來像是個大好機會，可以跟狗一起玩，還可以獲得酬勞。」

「我和太太都很愛狗，但我們倆都沒有真正照顧小狗長大的經驗。」他說，「我著魔似地觀賞電視節目《報告狗班長》（*The Dog Whisperer*），並且認真研讀犬隻訓練專家米蘭（Cesar Millan）的書，這能幫助我了解小狗的行為和溝通方式。」

「我們以前約會的時候，會去小狗公園看狗玩耍，希望能有隻狗跑來跟我們玩。當我們住在一起之後，終於有了自己的狗兒陶比。但是，可以跟各式各樣的小狗一起玩，真的是讓我感到夢想成真。」

當他決定透過 DogVacay 把狗房東當作全職事業時，他去犬隻訓練學校接受正規的教育，他表示，「當我看到自己能夠為某些小狗和客戶的生活帶來一些改變時，我真的覺得自己很重要。」

他建議有志於做寵物保母的人，「要不斷提供主人更新的照片和影片。我的狗房客，就像是牠們主人的孩子一樣。」

多芬（Marie Dolphin）的本業是一位自由攝影師，她也透過 DogVacay 擔任狗房東來增加收入。她在加州雷東多海灘的家，一晚要價 45 美元。

她認為這樣的機會很難得，因為「它可以讓我不用擔心生活，還可以繼續從事藝術工作。我大力推薦 DogVacay 給那些喜歡動物，並且也喜歡待在家裡就能夠多賺點錢的人。」

　　多芬察覺到，市場的威力之一，就在於你跟客戶的所有溝通只須透過一個窗口，這真的很方便，而且你也不用開口跟客戶請款──DogVacay 會負責這件事情。「我看到這個網站打了很多廣告。」她補充，這表示這家公司投入很多錢吸引新客戶到這個平台，這對像多芬這樣的房東很有利。

　　這家公司還提供獸醫緊急聯絡電話、保險給付，還有後備支援，萬一你沒辦法照顧小狗的話。多芬說，「我很喜歡這樣的理念，你的客戶不會因為你生病或受傷而孤立無援。這些都已經涵蓋在 DogVacay 的系統中，公司可以根據我們和寵物相處的經驗所寫的筆記，幫忙找到其他合適的照顧人選。」

　　她也很認同麥可的建議，要讓狗主人可以不斷看到更新的照片、影片和訊息。她還建議，在接受房東工作前先見面問候，這樣你和那隻狗可以先感受一下彼此。

🔍 其他可以考慮的平台

　　Rover.com──在你的城鎮擔任寵物保母，一晚可以賺 20 至 60 美元。你可以自己訂出價格和可行的時間，Rover 會處理款項支付、保險和獸醫協助等事宜。

　　這個平台也支援遛狗、小狗日間托育。

Pawshake——以英國為據點，愛好寵物的人士可以在 Pawshake.co.uk 登記為寵物保母，為他們的鄰居照顧小狗並賺取費用。

16 ▶ 共享你的資金

提醒：我沒有聘請律師，不過我的編輯建議，在這個章節附上免責聲明。本章節內容並不能被視為投資建議，請謹慎運用。

🔍 P2P 借貸

我在 Prosper.com 登記為放款人，這是我參與共享經濟的早期經驗之一。這個平台提供債務整合、創業與婚禮等相關業務的 P2P 貸款。從 2011 年以來，我一直都是 Prosper 的放款人，在這段期間，我每年平均可以獲利 13.2%。

它是這樣運作的。在廣泛的貸款組合中，你買下部分所有權，

每筆貸款的投資金額最少 25 美元。在你決定投資之前，你可以看到借款人借這筆錢做什麼、他們的信用評等，以及他們的就業狀況等等。

（如果你對這個平台已經很放心，也可以讓整個過程自動化。）

每一筆 Prosper 貸款都會標上一個字母，從 A 到 E，標上「A」和「B」表示風險較低，報酬也較低；標上「D」和「E」表示風險較高，報酬也較高。我在 Prosper 的投資策略向來都是採取高風險、高報酬的多元化組合，而到目前為止，獲利還不錯。

Prosper 也提供「AA」等級的貸款給條件非常好的借款人，以及「HR」等級的貸款給風險極高的借款人。

在以下列出的其他 P2P 平台，你的現金流動不像在其他地方那麼快速，是比較傳統的投資方式。（Prosper 貸款的回收期大約是三到五年。）但是我的多元貸款組合，每個月都可以產生 200 至 250 美元的現金流量。

如果你近期有可能用到現金，你必須把現金流量考慮進去。有一個次級市場，可以把你還未到期的借據賣出去，但是可能沒辦法以全額價格賣出。

自從我註冊加入以來，Prosper 平台曾經有過驚人的成長，不論是「貸款發放」的筆數和金額，或是放款人數方面都是，放款人都競相爭取最有吸引力的貸款，把錢借出去。

我運用第三方軟體工具 Lending Robot 自動配置閒置資金，因為我發現 Prosper 內建的自動投資功能火力還不夠快速，來不

及挑出最有吸引力的貸款。

（Lending Robot charges 收取每筆 0.45% 的管理費用，但是頭 10 萬美元免收管理費。）

🔍 我的放款策略

因為評價較低的貸款有較高的回報，我試圖把我的投資組合傾向這些標的。如果 E 和 HR 的貸款有最高的回報，為什麼不專門投資這些標的呢？

因為可投資的標的並不多。或者應該說，符合我「待開採的鑽石」這項標準的標的不多。

因為 Prosper（以及它的競爭對手 Lending Club）提供貸款歷史紀錄可查詢，你可以自己進行分析，研究借款人的哪項條件可能對還債率影響最大。這能夠讓你找出有哪些 D、E 和 HR 等級的貸款，從歷史紀錄來看，比其他同等級的借款人更安全，你依然可以從中獲得很好的回報。

借款人的信用評等真的很重要嗎？收入水平？就業狀況？他們是否擁有自己的房子？這些條件都很重要嗎？

操控著這些不同的因素，可能會讓人頭昏腦脹，而我則利用 NickelSteamroller.com 這個網站來測試篩選過的不同方案。這麼做很重要的原因是，透過篩選機制，相對於只是投資於「貨架上現成」的貸款標的，可以增加幾個百分點的報酬率。

即使你選擇投資風險較低的貸款標的，還是可以穩賺 5% 至

10%。如果你正在尋找不同的投資管道,這是一個善加利用閒錢還不錯的方法。

我每筆貸款投資 25 至 50 美元,以確保我在平台上能保持多元化的投資策略,這樣如果有任何一筆貸款違約,我也不會損失太多錢。

🔍 壞帳損失

違約或壞帳損失,是在 Prosper 上進行投資最大的風險。這些貸款是無擔保債務,這意味著,如果借款人不償還債務,放款人沒有擔保品可拿,也幾乎沒有追索權。

D 級貸款的「公定利率」可能在 20% 至 24% 之間,但這其中會有一定比例的違約。這是為什麼 Prosper 公布這些貸款的預期報酬率為 12.47% 的原因。

整體來說,我曾經放出去的貸款有 12.5% 違約,此外,我現有的貸款則有 5.2% 目前處於拖欠狀態。

P2P 投資的缺點之一,就是你每年可以從投資收入扣除的壞帳損失減免稅額受到限制。以目前來說,就我的理解,你一年最多只能申報 3000 美元的壞帳損失。

了解這種情形之後,你可能覺得投資其他的資產,或是把 P2P 投資組合轉換成風險較低的貸款比較好。這其中的挑戰在於你無法得知壞帳損失的狀況,直到一年結束才能弄清楚,而且你是從 Prosper 那裡拿到稅單。

但是，我依然是 P2P 貸款的愛好者。能夠幫助別人進行債務整合、創業，甚至建立一個家庭，實在很有意思。除此之外，兩位數的報酬率，以及每個月的現金流量，讓 Prosper 成為我整體投資計畫中很喜愛的一個選項。

🔍 其他可以考慮的平台

Lending Club——LendingClub.com 是美國另一個大型的 P2P 貸款平台。

Lending Crowd｜RateSetter｜Zopa｜QuidCycle——這幾個平台是英國 P2P 貸款的領導品牌，投資報酬率達 6.5%。

ThinCats——在 ThinCats.com 上投資澳洲的企業貸款，可以有 9% 的投資報酬率。

Afluenta——Afluenta.com 是中南美洲 P2P 貸款平台的領導品牌，投資報酬率高達 45%。

🔍 投資房地產

Fundrise 是一個商業房地產眾籌平台，上面有幾支 eREITs（網際網路不動產投資信託基金）可選擇，包括收益型和成長型。

因為它開放非專業投資者投資，而且最低投資金額只要 3000 美元，我決定試試手氣。如果你沒有賺到 15%，你不必支付 Fundrise.com 管理費。

GroundFloor——投資者可以貸款給短期的房地產修繕計畫，獲利可達 12%。跟 Prosper 類似，你可以購買貸款的部分所有權（起價只需 10 美元），以分散你的投資風險。

RealtyMogul | RichUncles——這些新推出的 eREITs，可以讓投資者從精選的收益型商用房地產投資組合中，賺到 6% 至 7% 的股息。

PeerStreet | Yieldstreet | RealtyShares | Money360 | LendingHome | Patch of Land | PeerRealty | EquityMultiple——經認證的投資者，可以在這些眾籌平台上投資商業與住宅房地產貸款中，賺取 10% 至 15% 的報酬。

投資新創公司

Kickfurther 對投資者所提出的訴求是，這是一種可以幫助當地的小公司進貨，同時還能獲得良好報酬的投資方式。根據該公司網站說明，它已經支付超過 250 萬美元，用戶一年的平均獲利為 27%。

當我和 Kickfurther.com 的團隊成員談話時，他們實際上避開用「投資」這個字眼，而是把他們的平台解釋成是一種消費者「參與零售業」，並且分享利潤的方式。它的運作模式是，你資助這些公司買進貨源，不限最低購買額度，當公司把這些庫存賣出去，你就可以連本帶利賺一筆。

《副業一族》的讀者維埃特茲（Jose Vieitez）表示，他真的很喜歡這個平台。「我到目前為止，已經贊助了兩百筆生意，」他表示，並補充說，「我發現每年獲利 15% 至 35%，遠比把錢放在定存戶頭賺 0.1% 的利息好太多了。」

他提起他的投資策略，就是尋找那些「同時銷售多種產品的公司，如此一來，萬一投資的這項產品銷售減緩，他們還可以用其他產品的盈餘來償還貸款。」如果他們在 Kickfurther 的還款紀錄良好的話，那就更好了，他補充。

比起那些「較有季節性」，或是仰賴不可靠又昂貴的貿易展覽會的公司，維埃特茲說，「你會發現有些公司已經有現成，且關係穩固的零售通路夥伴——像是塔吉特（Target）百貨和沃爾瑪（Walmart）——這顯示它們會是比較好的投資標的。」

在整個過程中，品牌廠商會積極地和買家溝通。如果某家品牌的庫存銷路不佳，買家可以選擇拿回他們所購買單位的控制權，或是讓 Kickfurther 將產品扣押，並代他們清算。

這個平台還在發展當中（這家公司成立於 2014 年），但是到目前為止，94% 的交易都是成功的。我自己也試著下海玩玩看，因為它似乎是一個令人很難抗拒的投資方式，既能夠支持你喜

歡的潛力公司或產品，同時還可以賺得報酬。

 其他可以考慮的平台

FundersClub——FundersClub.com 可以讓你以一種類似小型互惠基金的方式，投資在預先審閱的新創公司，這意味著你可以多元化你的創業投資，不會有非得挑中一匹千里馬的壓力。

這家公司宣稱，在過去幾年中，它所選中的標的具有 37% 未實現的內部收益。我也許必須砸點錢下去玩玩看，才知道結果如何。

讀者紅利：連結到 sidehustlenation.com/fundersclub 獲取 100 美元，來開啟你的投資帳戶。

Wefunder——你可以在 Wefunder.com 平台上投資新創公司，它目前對非專業投資者開放。不過要有心理準備，可能要很長一段時間才能看到回報。因為它通常要靠公開發行股票或購併，才能兌現你的持股。

SeedInvest——你只要花 100 美元，就可以在 SeedInvest.com 投資預先篩選的新創公司。

AngelList——專業投資者可以在 Angel.co 平台上，跟著知名的風險投資者和天使投資人，參與他們初期階段高風險、高報酬的創業投資。

CircleUp——CircleUp.com 將專業投資者與有資金需求的消費產品公司、零售公司連結起來。在本書出版之前，它預期的報酬，以及過去的報酬都還未列出。

Crowdcube——Crowdcube.com 讓你可以參與英國新創公司草創初期的投資。

AgFunder——專業投資人可以投資前景看好的農業公司，或是讓 AgFunder.com 將精選出來的公司放在一起，規畫成一個基金，由它們代表來投資。預期的報酬還未列出，不過 AgFunder 指出，它們已經從將近三千位投資者身上，募得超過 3200 萬美元。

17 共享你的六塊肌

善用你昔日在運動場上的光榮紀錄開闢財源，並幫助年輕運動員提升他們的技能。你可以在 CoachUp.com 訂出你的收費，

根據這上面的私人教練表示，他們一小時平均可賺到 45 美元。

18 ▶ 共享你的阿宅技能

在你的社交圈中，你是那個大家會來找你幫忙解決科技問題的男孩或女孩嗎？如果是的話，你可以透過幫忙你城市裡的屋主和企業設定電腦、架設網路、安裝電視機等工作來賺錢。

HelloTech.com 承諾提供「到府科技支援服務」。你可以在你家附近提供到宅服務，協助技術支援、障礙排除、安裝設備等等，每小時可賺取 25 美元。

「技客」（geeks）可以免費加入 HelloTech，你每完成一項工作，酬勞就會直接匯入你的帳戶。

🔍 其他可以考慮的平台

Codementor──分享你的寫程式專長，在 Codementor.io 協助新手，賺取你的酬勞。

你可以設定自己的價碼，我看到的價碼通常是一堂課十五分鐘 15 至 30 美元。幾堂課下來，在鍵盤上敲敲打打，一小時你就可以賺到 60 至 120 美元。

Bugcrowd——成為 Bugcrowd.com 的研究員，你可以透過找出像 Tesla、Pinterest 和 Western Union 等頂尖公司系統的安全漏洞，或其他的「bug」（錯誤），獲得現金獎勵。道德駭客每發現一個 bug，可以賺取的金額從 25 美元到 1 萬美元都有。

Equity Directory——EquityDirectory.com 目前還處於僅供邀請的測試版階段，它提供的承諾是，你可以為前景看好的新創公司工作，以交換公司的股權。這是從事副業的有趣玩法，因為你可以參與感興趣或有熱情的計畫，還有可能在將來大賺一筆。

19 共享你的動態消息？

你是社交媒體名人嗎？如果你在 Instagram、YouTube、Twitter、 Facebook 或其他媒體頻道，至少擁有五千名追蹤者，FameBit.com 有興趣幫你和那些渴望來到你觀眾面前的廣告商牽線。

身為內容創作者，你可以設定贊助費用，並且只和你樂意宣傳的品牌合作。成交金額從 50 美元，到 2000 美元以

上都有，取決於你觀眾群的多寡，以及你提供的配套方案。

　　類似的選擇還有 Coopertize.com、TapInfluence 和 Izea.com，它們協助部落客尋找贊助。我曾經透過 Izea，幫 E*TRADE 主持過一個贊助的節目。

20　共享你的辦公室

LiquidSpace | PivotDesk | Sharedesk | DesksNear.Me | Desktime——在這些平台上出租多餘的辦公室空間，出租三小時或三年都可以，這些平台的目的，在於免去傳統商業房屋仲介的費用。想當然耳，每個市場的出租行情都不同，有可能是 200 美元出租會議室一天，或是一個月數千美元出租十張辦公桌的空間給一個新創公司的團隊。

Breather——如果你有一個寧靜且實用的空間可供分享，你可以在 Breather.com 上陳列，一般行情是一小時 30 至 60 美元。

Splacer——Splacer.co 是一個 P2P 平台，專長於短期活動或是演出空間的租賃。如果你有可以舉辦活動的空間，或是可以

在你家後院舉辦一場世紀婚禮，則有可能從中找到做副業賺錢的機會。

Tagvenue——在英國，你可以在 Tagvenue 上為你的派對、婚禮、會議等活動，找到獨特的場地，並且將它預訂下來。你也可以把你的空間租出去辦活動，賺取費用。

21 共享你的意見

在 UserTesting.com 上花二十分鐘完成網站、購物平台、應用程式等相關的線上使用者測試，可以賺取 10 美元。在你填答問卷的過程中，特殊的軟體會追蹤你滑鼠移動的狀態，網路攝影機和迷你麥克風也會同時記錄你眼睛的移動軌跡、臉部表情，以及你寫的內容。

但是，當有新的研究推出時，你的手腳得快點才搶得到。根據我的經驗，UserTesting 的測試一下子就被搶光了。

其他可以考慮的平台

InboxDollars│Swagbucks——不要期待在這裡可以賺取驚人的時薪，但是你可以透過在這兩個網站上回答問卷、觀看影片、

試玩遊戲和線上購物，賺到一些禮物卡、現金和其他獎勵。

uTest──uTest.com 平台支付測試者費用，去完成各式各樣的公司贊助項目。uTest 宣稱它們在 2015 年已經支付超過 2 千萬美元。

Validately──每次花五分鐘「大聲朗讀」你完成的使用者研究，就可以賺取 5 美元。

Try My UI──在 TryMyUI.com 為網站、應用程式測試使用者介面，可以賺取 10 美元。一個典型的研究大約花二十分鐘。

SliceThePie──SliceThePie.com 付錢請你為公開發表前的新歌、時尚商品、飾品、廣告撰寫評論。你的評論不會公開，而是直接回饋給藝術家、創作人做為參考。

22　共享你的收據？

只要從這八十幾家連鎖商店，包括 Walmart、 Safeway、Kroger、Publix、Costco 和 Target，拍下你的收據照片，免費的 Ibotta 應用程式就會支付你現金 。

一旦你下載應用程式，你可以在購物之前，先瀏覽商品目錄，將你原本就打算購買的產品，進行現金回饋解鎖。你必須先把「折扣」的鎖解開，通常要回答一兩個小問題來解鎖。

例如，在我看到可以拿到 3 美元回饋之前，這個應用程式問我是否要去買百威啤酒，並且問我上一次喝百威的產品是什麼時候。（我的答案是「不」，以及「最近七天內」，如果你對我的答案感到好奇的話。）

在你購買該商品之後，你只須掃描條碼，並且提交收據照片就好。現金在四十八小時之內就會進到你的 Ibotta 帳戶。你可以用 PayPal 或 Venmo 把錢提領出來，或是用來交換禮物卡。

讀者紅利：連結到 sidehustlenation.com/Ibotta，可以免費獲得 10 美元的註冊點數。

23　共享你（飛機上）的座位

不，你不需要讓陌生人坐到你的大腿上！但如果你拿到了一個最好的飛機座位，你可以利用超微小眾市場的 Seateroo.com 應用程式，把它賣給某些擠在飛機後段中間座位的人。

24 ▶ 共享你的窺探功力？

Trustify.info 宣稱自己是「私家偵探業的 Uber」。在這平台上擔任隨選私家偵探，一小時可賺取 30 美元。我希望這家公司可以贊助重拍《夏威夷之虎》（*Magnum, P.I.*）這部偵探影集。

25 ▶ 共享你的空間

如果你有額外的停車位，何不善加利用，賺點報酬？

哈米爾（Anna Hamill）住在倫敦特威克納姆體育場附近，她透過在 JustPark.com 上出租她車道上的三個停車位，已經賺了1700 多英鎊（大約 2200 美元）。這個平台在英國比較受到關注，但在美國正逐漸受到歡迎，這要感謝它的經營理念，能為駕駛人省下 70% 的停車費用，同時還能讓屋主賺取額外收入。

哈米爾的停車位距離體育場大約步行十分鐘的距離，每當有橄欖球賽，她的車位通常會被那些專找便宜又方便停車位的球迷全部預訂一空。

五十五歲的哈米爾，每次停車收費 15 英鎊，她發現 JustPark 是一個可以讓她輕鬆賺取外快的方式。「它讓我們的車位一下子就被訂走了，實在讓人印象深刻，」她說，「費用直接匯入

我的帳戶，所以是一種沒什麼壓力，還能賺點錢的方式。我已經用這筆賺來的錢，帶我的母親度過好幾次週末假期。」

🔍 其他可以考慮的平台

ParqEx——你可以透過 ParqEx.com 出租閒置或不常用的停車位。透過這個免費的應用程式，你甚至可以安全地分享通往車庫的通道。

當我和 ParqEx 的創辦人魏斯（Danny Weiss）談話時，他舉了芝加哥一間社區牙醫診所為例。這間牙醫診所有三個小停車位，很少有病人使用，他們通常都是走路來看診。

這間牙醫診所位於停車非常困難的社區，很多通勤者得花上三、四十分鐘在這一帶繞來繞去，尋找空的公共停車位。

這位牙醫同意將他的停車位放到 ParqEx 上陳列，附近的一些公司很快就發現這個機會。透過這個應用程式，現在這些停車位幾乎每天都被預訂額滿。這位牙醫一週可以賺到 400 美元（一年 4800 美元）的消極性所得，而在地的其他公司，則有管道找到他們急需的停車位。

ParqEx 目前僅在芝加哥營運，但正在擴展到其他市場。

Spacii——Spacii.co 平台將有多餘物品需要儲存的人，和有多餘空間的人連結在一起。如果你有多出的儲存空間，可以在這個平台上陳列出來，讓人來租用這個空間，你就可以賺取費用。

StoreNextDoor｜Storemates——如果你居住在英國，可利用 StoreNextDoor.com 或 Storemates.co.uk，尋找想將物品存放在你多餘的房間或閣樓的房客。

26 ▶ 共享你的雜物

可以把你很少用到的，放得到處都是的東西，像是割草機、帳篷、梯子、排球網、廚房攪拌機等等，全都拿到 NeighborGoods.net 平台上出租，賺取費用。

最近我在這裡找到一台日租 25 美元的 Xbox 360，一把日租 41 美元的電鋸，還有一個日租 31.25 美元的 LV 手提包。真是包羅萬象，什麼都有！

我和舊金山灣區的一位產品經理帕雷克（Shreyans Parekh）短暫地交談了一下。「我在 NeighborGoods 平台上出租過好幾樣東西，包括電動工具、我的腳踏車和舊玩具，」他表示，「在這個平台上出租我的用品，通常一個月可以賺 75 至 150 美元。」

🔍 其他可以考慮的平台

Spinlister——在 Spinlister.com 可以出租你的「坐騎」——你的單車、雙板滑雪板、單板滑雪板，或是衝浪板。

我找到舊金山的單車出租，一天租金在 25 至 70 美元之間，它們還很貼心地列出適合騎乘的騎士身高，所以我可以過濾掉那些太小的單車。

Open Shed——在澳洲，OpenShed.com.au 的用戶可以把很少用到的物品租給朋友或鄰居，賺取一點「零用錢」。

UseTwice——UseTwice.at 是德國的一個 P2P 出租平台，出租居家工具和用品。

PlanetReuse.com——你可以在這個友善環境的專業市場，出售二手建材。

27 共享你的支援

成為 Crowdio 的客服代表，每處理好一個線上互動對話，就可以獲取酬勞。Crowdio 負責提供客戶，你要做的就是照顧好他們。

以丹麥為據點的 Crowdio，宣稱這是「全世界最好的兼差工作」，因為你可以自選時間，可以在世界任何一個地方工作，可以只選擇你有興趣的公司或網站來合作。

當我聯繫到 Crowdio 的幕後團隊，他們給了我幾個透過他們的平台擔任客服代表的例子。

第一個例子是恩維爾（Enver），他愛上了一名土耳其女子，並且和她結婚。但由於嚴格的移民法規，他不能將她和他們的孩子帶回丹麥的家。他很沮喪，但並沒有被打倒，他開始尋找可以在土耳其完成的線上工作，結果發現了 Crowdio.com。今天他利用這個網站，加上其他的自由工作來養家活口。

馬丁（Martin）並沒有遇到這種地緣政治的困擾，而是用他在 Crowdio 賺到的錢，搬到巴塞隆納。他現今仍然透過這個平台工作，以不受地點限制的方式，過著「相當體面的生活」。

28 共享你的時間

 現場和虛擬助理平台

透過 WeGoLook.com 幫顧客查看物品，像是在 eBay 購買的東西、汽車、出租的房地產、甚至是空地，可以賺取 25 至 100 美元。你只須拍下照片、確認列出來的訊息，並且回報你所發現的狀況即可。

Alfred——為現代城市管家以會員制的方式提供服務。到

HelloAlfred.com 上登記為專業的「Alfred」，為忙碌的客戶跑腿辦事，賺取酬勞。

趣味典故：這家公司的名字，靈感來自於電影《蝙蝠俠》中的男管家名字 Alfred（阿福）。

Luxe——Luxe.com 是一個隨選代客停車服務，在某些特定城市提供服務。它的費用通常比你目的地的停車費便宜一些。代客停車人員會與顧客碰面，拿取他們的汽車和鑰匙，然後根據他們的需求歸還車子，並賺取酬勞。

Fancy Hands | Zirtual | Time Etc | eaHELP | HireMyMom.com | VirtualAssistantJobs.com——這些只是少數幾個僱用遠端兼職人員擔任虛擬助理的公司。酬勞通常在一小時 10 到 20 美元之間。

神祕客應用程式

下載免費的 Field Agent 應用程式，尋找你附近的最高機密任務，像是到某些店家檢查特定商品、拍攝陳列方式，或是詢問店家員工一些問題。每個任務的酬勞在 3 至 12 美元之間，如果你就住在那社區附近，可以很快就完成任務。

Gigwalk——成為一名 Gigwalker，可以找到一些打「零工」的機會，這些零工類似幫客戶親臨現場查看一些東西，通常可以用你的智慧型手機在幾分鐘之內就搞定任務。

Mobee | EasyShift | Rewardable——這三個神祕客應用程式，會提供你小額的酬勞，只要你執行任務，並同時完成簡短的問卷。

Streetspotr——透過這個以英國為據點的應用程式，執行市場研究任務，可以賺到「為數可觀的零用錢」。

QuickThoughts——下載免費的 QuickThoughts 應用軟體，根據你所在的位置，填寫問卷和執行「任務」，可以獲得酬勞，例如幫商店裡陳列的產品拍照。完成一份問卷的酬勞通常在 1 至 3 美元之間，而且即使你資格不符，只要完成一份篩檢問卷，也可以獲得 0.1 美元。

微任務平台

每完成一個微小的任務，微任務平台會支付你些微的費用（0.01 至 3 美元之間）。這些任務可能包括完成一份簡短的問卷、辨認出照片裡的東西，或校對一段文字。

過去幾年，納伯（Mike Naab）利用閒暇之餘，在 Mechanical

Turk 填寫問卷和做些其他的小工作，已經賺進 2 萬 1 千美元。Mechanical Turk 是最受歡迎的微任務平台。

納伯是一位分析師、作家和網路創業家。他利用空閒時間，每星期可賺取 150 至 300 美元外快。他在 TopMoneyHabits.com 撰寫部落格。

就在納伯的第一個女兒出生之前，他正在尋找副業的時候，發現了 mturk.com 這個網站。「我在心裡頭盤算著我們即將要有的開銷，清單一列出來：托兒、尿布、食物，加上其他零零總總的花費，我開始有點焦慮不安起來。」他表示。

因為他和太太都有全職工作，他希望可以在家裡做點副業補貼家用。「我成家之後就打定主意，絕對不要為了兼差，而整天不在家，」納伯告訴我，「所以我開始想，看看能不能有辦法在網路上賺錢。」

他說他成天掛在網上，尋找可以在家賺錢的線上工作，結果只發現一大堆騙人的花招，或是低薪的問卷調查網站，而且是用禮物卡代替現金支付。

最後，他終於在一張賺錢構想清單中，發現裡面提到亞馬遜的 Mechanical Turk，在這個網站上，企業、研究人員、大學和消費品廠商，會張貼出他們需要線上工作人員協助完成的任務。雖然還是有點懷疑，納伯說，「我認為它是亞馬遜的公司，應該會是合法的。」

這個平台的確是合法的，我本身就曾經以買家的身分使用過這個平台，請人來輸入一些瑣碎的資料，但還沒有以一個工作

者的身分使用過它。納伯則決定要來試試看。

在亞馬遜 Mechanical Turk 上的工作被稱為是 HITs（human intelligence tasks），或人工智慧工作，是由「委託工作者」所發布的。

每件 HIT 都會列出酬勞和完成工作的時間表。你可以瀏覽可供工作的清單（通常任何時候都有成千上萬的 HIT），然後接下你想要做的工作。一旦完成工作，你就把 HIT 提交出去，然後等待付款。

納伯解釋，「那裡有各式各樣的 HIT 供你選擇。問卷調查是最常見的 HIT 類型，主題從消費產品、個性、金融、倫理、教育等議題都有。」

如果你不喜歡做問卷調查，那裡還有影音內容聽打、分類工作、Excel 表格製作、YouTube 影片評分，及更多其他的工作。

我懷疑真的有人可以從這個平台賺到錢嗎？於是詢問他真正賺了多少。「你能賺到多少錢，取決於你投入多少時間在上面，」納伯說，「我通常一星期賺 150 到 300 美元不等，到目前為止，總共賺了超過 2 萬 1 千美元。我不用做什麼，就只是坐在家裡的電腦前完成這些任務。」

他補充，雖然只要註冊就有工作可做，但是許多酬勞較高的工作委託者，會要求你先完成某些數量的 HIT，才能開始接他們的工作。納伯說，完成一百、五百、一千個 HIT，是獲得其他較好工作的常見基本條件。

從這個角度來看，它跟其他自由工作平台類似，你必須「投

入時間」做些低薪工作，以建立你的履歷檔案。

在亞馬遜 Mechanical Turk 上工作兩年半，納伯純粹只是把它當作副業，他已經完成超過八萬七千個 HIT。就收入來說，一件工作平均 0.24 美元，這看起來似乎不多，但終究還是能夠聚沙成塔。

那麼，那些才剛起步，還沒有 HIT 完成經驗的人怎麼辦？

「我有幾位朋友，才註冊幾個星期，就可以每週賺進 100 美元。」他說。「我會從時薪的角度來看待它。的確，做完一份問卷調查只能拿到 0.4 美元，但是你只須花兩分鐘時間就可以完成。這相當於時薪 12 美元，而你只要坐在家裡的電腦前就可以賺到了。」

每件 HIT 都會得到不同的酬勞（因為每件都來自不同的工作委託者），但納伯表示，你可以期待每小時平均賺 6 至 12 美元。

「有些 HIT 真的很好賺，」他補充，「我曾經做過一份 3 美元的問卷，只花了我兩分鐘時間（等於時薪 90 美元！）。批次處理一次 25 美分，但我一分鐘可以完成三至四次。重點在於，要在對的時間出現在那裡。」

在 Mechanical Turk 上賺外快，有件事情是必須考慮到的，就是它的機會成本。我所指的是，在某些情況下，有些工作連基本工資都達不到。你可以想一想，有沒有其他的工作，可以帶給你更大的成就感與收入呢？

老實說，我在那邊委派工作，是因為那裡有廉價勞工，不需要專業技能。如果你認為你每小時的工資應該更有價值一些，

你可能是對的；重點就在於，你要找得到客戶，並且能夠解決他們的問題。

儘管如此，Mechanical Turk 仍然不失為是一個從事副業的簡單起步，而且你可以立刻看到一些成果，雖然一開始賺的錢不多，但終究會苦盡甘來，就像納伯所展現的，小錢慢慢累積成大錢。

「我喜歡它的彈性，」他告訴我，「你可以整天在上頭工作，或是利用一天之中的空檔，上去工作十分鐘。」

你可以直接把錢轉入你的銀行戶頭，或是在亞馬遜網站上當作現金使用。它沒有要求你要先達到 HIT 最低數量的門檻，才能把錢領出來（不像其他網站）。

納伯繼續解釋，亞馬遜的 Mechanical Turk 雖然很方便，但並不完美。（沒有一個平台是完美的。）

他說，酬勞最高的工作往往出現在週間的上班時間。「如果你只有在晚上或週末才有空，你還是找得到工作，但不太可能找到這麼好康的機會。」他解釋。

「它不會讓你變富有，」納伯補充，「它的酬勞還算相當不錯，但最多也只能當副業來做，為你增加一些收入。」

此外，他還提到，幾乎世界各國的人都可以在上面找到工作，但只有美國和印度的工作者可以提領現金。其他國家的工作者，只能拿到亞馬遜的禮物卡當作他們的酬勞。

新的用戶可以在 mturk.com 上免費註冊。它需要花四十八小時來批准你的帳戶，並驗證你的社會保險號碼，做為報稅之用。

一旦驗證完成，你就開始進入試用期階段，你必須在十天內至少完成一項 HIT。在那段期間，你每天的上限為一百個 HIT，而且不能領出你的錢。十天結束之後，就沒有任何提款限制了。

🔍 其他可以考慮的平台

Crowdflower——在 Crowdflower.com 上，加入全球一百五十萬名貢獻者的行列，為大公司共同完成資料輸入的小工作。你可以自行決定要在這平台上做多少工作。

Microworkers | ShortTask——這些平台跟上面已經提到的 Mechanical Turk 類似，不過可以選擇的工作較少。

29 　共享你的旅遊省錢技能

FlightFox 是一個獨特的人力搜尋引擎，專門搜尋飛機班機資訊。事實上，它保證你的下一次飛行，一定可以搭上更省錢的班機，否則退錢給你。（我下次的國際旅行絕對要來試試看！）

但是它需要精打細算的旅遊達人來進行查詢，並且為客戶安排行程。如果你有買機票的省錢妙方，可以申請加入這個網站，

成為兼職的航班預訂達人。

30 ▷ 共享你的卡車

如果你有一輛卡車或小貨車，以及強壯的背脊，你可以在 Dolly.com 這個 P2P 的搬家網站上找到賺錢機會。你可以幫你的鄰居打包家當，開車幫他們搬家到其他地方。

🔍 其他可以考慮的平台

Buddytruk——在 Buddytruk.com 平台上，幫你的鄰居打包搬家，一小時可以賺 40 美元以上。你的任務是把卡車開過來，並且一起完成搬家工作。

GoShare——在 GoShare.co 上，用你的卡車、貨車幫人搬家，一小時可以賺到 62 美元以上。

uShip——如果你正準備要開長途車，不妨到 uShip.com 上看看，是否有人需要寄運東西，而且剛好跟你同一個方向。費用基本上根據貨品的大小和重量，還有運送的距離來決定。

31 ▶ 共享你的院子

如果讓客人住到家裡來，這種 Airbnb 式的做法讓你感到有點不自在，那麼讓他們住到院子裡如何？透過 Camp In My Garden，你可以把你家院子變成小型露營地，一晚每人可收費 10 到 30 美元。

> 讀者紅利：本章涵蓋數十個共享經濟市場，許多都提供了註冊優惠，如果你想親自試一試的話。我必須說明的是，這些優惠都是提供給平台的「買家」，不過，無論如何還是可以幫你省錢。
>
> 連結到 BuyButtonsBook.com/bonus，下載價值 1150 美元的共享經濟折扣和點數。

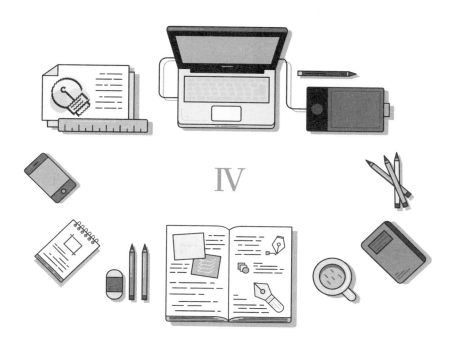

IV

共享經濟的缺點

「共享有時候比給予更困難。」

——貝特森（Mary Catherine Bateson），

美國作家、文化人類學家

共享經濟並非沒有人批評與反對。對於消費者來說，這些應用程式開啟了一個便利又省錢的新世界；但是對於共享經濟的工作者，以及其他利害相關人士來說，前景並非都是一片光明美好。

1 平台風險

當你在第三方平台開創事業時，有一個風險是你首先必須注意到的。如果這個平台停止營業，或是被購併、修改規則，會發生什麼事？

我稱這為「平台風險」因素，壞消息是，這些因素大部分不是你可以掌控的。2015 年尾聲，第三大共乘平台 Sidecar，關門大吉。

很自然的，愈成熟完備的平台，關門倒閉的風險就愈低，但是你永遠無法預料，規則或支付的費用什麼時候可能改變。

Uber 在這方面是個惡名昭彰的慣犯，過去這幾年曾經多次砍過司機的費用。每一次，司機都得面對「不要就拉倒的處境」：他們只能接受低廉的費用繼續開車，或是決定高掛鑰匙，不再浪費時間賺這種蠅頭小利。到最後，Uber 說不定還會直接把司機從程式裡全部刪除；這家公司在 2016 年，測試了第一批無人駕駛汽車。

為了減低風險，你可以在合理的範圍內，盡可能多在類似的市場都設立你的商店，藉此讓你的收入來源更多元化。另外，你也可以思考如何建立自己獨特的品牌和服務。

2　監管風險

共享經濟另一個需要考慮的重大問題，是法律和監管的風險。有些平台的運作處於法律的灰色地帶，現有的法律要趕上市場，可能還要等上好些年。

一份報告發現，Airbnb 在紐約市列出的五萬一千間房子中，有 56%「非法提供一整間公寓或房子低於三十天的訂房」。到目前為止，立法者並未採取任何處罰的行動，但是風險仍然存在。

在蒙特婁，這個城市宣布 Uber 為非法經營，並且扣押了四百名司機的汽車。Uber 最後繳交了扣押金，並且提供替代車給它的司機，但是無庸置疑的，對於每一位受到波及的人來說，這是一次可怕且令人膽怯的經驗。

為了減輕你的風險，請確認你所在城市與國家的法律規範，請教當地的其他賣家，並且遵守你使用的共享經濟平台所制定的規則。

3 健保和其他福利

對於想要全面從事自由工作，或是成為共享經濟的工作者來說，一定會面臨健保的問題。在美國，健保通常和就業綁在一起，這是每個月固定的一大筆開銷，如果你想擺脫全職工作，你必須先規畫好這筆預算。

Uber 和其他平台，仍然將它們的工作者視為獨立承包商，而非員工。這可以降低公司和消費者的成本，但是把健保、退休儲蓄金、預付稅金的負擔全都轉嫁到工作者身上。

4 社會破壞

十九、二十世紀交替之際，奧地利經濟學家熊彼得（Joseph Schumpeter）提出「創造性破壞」這個名詞。他的意思是，有時候我們創造出新的價值，舊的價值也會隨之遭受破壞。雖然這聽起來有點可怕，但是許多共享經濟平台所做的事情正是如此。它們趕走過去傳統上的中間商、守門員，然後建立起服務供應商。例如，隨著 Uber 和 Lyft 的興起，計程車的使用率下降了 65%。Airbnb 出現後，傳統的租屋市場在許多熱門的觀光城市正在萎縮，因為房東透過短期租屋，可以比傳統的一年期租約賺到更多錢。

成千上萬個共享經濟交易綜合在一起的後果，就是造成許多長期經營的企業關門倒閉，許多勤奮努力的人失去了工作。

5 ▶ 這樣做值得嗎？

共享經濟提供一種新穎別緻的方法，可以讓你在白天的工作之外賺取外快，但是要注意的是，你真正賺到的時薪有多少。我建議你記錄自己花在這上面的時間，並且計算一下在扣除稅金之後，真正可以拿回家的錢有多少。

這個數字有可能比廣告上的時薪「標價」要低了許多，那麼你就必須捫心自問，這樣做值得嗎？如果你找到一個很有成長潛力的平台，而且上面的工作很有趣，那麼無論如何，你都要堅持下去。但是如果那些工作讓你想到就害怕，而且收入跟你的付出不成比例，就趕快放手走人吧。

在許多共享經濟平台上，另一件要考慮的事情是，你不一定有權力去收取你應得的費用。你只是整個系統中的一顆小螺絲釘，任何人都可以提供跟你同樣水準的服務，收費自然會因此愈壓愈低。讓我最感到興奮的平台，是那些可以透過你的服務品質，或是你獨特的個性和才華，有機會讓你脫穎而出的平台。

在下一章，我將會呈現一些獨特的市場，讓你個人的天分、才能和經驗，可以派上用場。

V

銷售個人技能的市場

「贏家是那些能看清楚自己的天賦才華，全力以赴將它們發展成自己的技能，並運用這些技能達成目標的人。」

——柏德（Larry Bird），NBA籃球名將

當共享經濟平台成為一個創業的好地方，你往往能夠透過銷售高度專業化的東西賺取更多的錢。舉例來說，我曾經遇過一些網頁設計師，他們幫人量身訂做一個網站要價 2 萬美元，甚至更多。我也遇過一些作家，他們為人撰寫專屬的文案，收費 1 萬美元起跳。我還曾遇到一些攝影師，幫人拍照的價碼達 3000 美元以上。

這就是為什麼那些要你做問卷調查，或跑腿送貨的共享經濟應用程式，時薪全部都低到不行。如果這件差事任何人都可以勝任，而且不需任何專業技能，那麼它也不太可能讓你致富。

在這一章，我將會幫助你辨識出自己有哪些技能、才華和經驗，這會讓其他人或企業願意花錢請你為他們做事。現在，如果你跟我一樣，也許得花一點時間來說服自己——是的，就是你——的確擁有一些寶貴的技能。

對剛起步的人來說，我的朋友迪皮亞佐（Daniel DiPiazza）想指出，根據定義，如果你曾經有過工作，這表示你至少有一項技能是別人願意付錢請你做的。所以在做你的能力盤點時，可以從你的履歷表開始。接下來，我會考慮到你工作之外的嗜好和興趣。

就像許多在這一章會遇到的購買鍵創業家一樣，今天我會用到的大部分技能，完全都是靠自學得來的。付錢請我去寫書，或是製作線上廣播節目，我從來都沒有從事過這樣的工作！

銷售個人技能的利基市場，幾乎跟我們在共享經濟平台中發現的一樣廣泛多樣，而它們通常讓你更能掌控價格，有更多機

會彰顯自己的特色。除此之外，這些平台展現了一個絕佳的機會，讓你能夠累積第一批客戶，或者，如果你原本就有一份事業，它們可以幫助你增加收益，讓你的收入來源更加多元化。

你有什麼本事可以待價而沽？讓我們仔細研究一下，把它找出來。

1　銷售你的藝術才華

免費加入 Artsicle.com，讓其他人發現（最好也能夠買下來！）你的藝術作品。

TurningArt.com 提供住家和工作場所藝術品出租，這是一個獨特的市場。每當藝術家的作品被租出去，或是當他們的出版品或原作透過這個網站銷售出去時，就可以賺取版稅。

同樣的，有才華的後起之秀，或是成名的藝術家，也可以在 RiseArt.com 出售他們的作品。

2　銷售你的創造力

Envato.com 是一個廣泛的品牌系列，它連結數位資產的創作

者和有需求的客戶。如果你可以創建網站版型、WordPress 外掛、股票視頻、廣告歌曲、電腦繪圖，甚至 3D 模型，這就是你大展身手的好地方。

3　銷售你的設計

加佛爾（Anand Thangavel）是英國一位自學成功的平面設計師，他靠著在眾包設計市場 DesignCrowd.com 上擔任自由設計師，五年之內就賺進超過 110 萬美元。

這個平台的運作方式是，客戶提出他們的需求──像是網站設計、企業標幟、公司名片的設計等等──然後全球各地的設計師紛紛提出他們的概念和構想。這個系統通常是贏家全拿：客戶選擇他們最喜愛的設計，而這位設計師就可以賺得酬勞。

加佛爾一開始只是提交幾個設計，準備把它當作副業，但是在贏得幾回競圖之後，他決定辭掉工作，把 DesignCrowd 當作全職的事業來做。可想而知，他對於自己能夠賺到 100 萬美元這個數目感到很驕傲，但是他也體認到，這是「不眠不休地艱苦奮鬥，努力完成成千上萬個工作」之後，才獲得的成果。

不過，他仍然對自己的副業成就感到興奮，也很高興能擁有時間上的彈性，在想工作的時候才去做。他說，「我的人生可以走到這一步實在不容易，但努力還是值得的。」他還補充，

這個平台的本質，就是根據個人表現來定勝負，這給了他更大的誘因去磨練自己的技能，並卯足全力去打動每一位客戶。

對於剛到這平台上發展的設計師新人，他給予以下幾個建議：

①詳讀客戶簡報，並且確認你提交出去的設計，有確實遵守客戶的要求。
②選擇適合客戶產業的顏色和字體，並且和客戶網站的風格保持一致。
③優先處理客戶反應──當客戶回饋意見時，要優先專心處理這些反應，而不是去進行其他的案子或設計。

讀者紅利：連結到 designcrowd.com/hustle，可獲取 100美元設計專案的優惠。

拉茲（Nicky Laatz）是住在南非的一位平面設計師，也是CreativeMarket.com 上業績表現最好的業主之一，這個網站專門銷售數位資產，像是數位設計、網站版型、字體和攝影等等。

拉茲剛加入這個市場的時候，主要是著重在一對一的客戶服務，但也開始尋找讓她的藝術創作可以接觸到更多人的管道。「我認為每位藝術家都必須在為他人創作（通常必須依據有各種條件限制的簡報來創作），和依照自己的想法來創作之間找

到平衡點，」她表示，「然而後者的下場，通常就是被丟掉，或是堆在塵封已久的箱子裡。為什麼不將它拿出來銷售？如果你喜歡它，也許也會有別人欣賞它！」

　　將她的藝術創作拿出來販售的這個決定，為她帶來豐收的成果，因為自從 2012 年開始，拉茲在 Creative Market 已經賣出了超過 100 萬美元的設計作品。

🔍 其他可以考慮的平台

99designs——99designs.com 是一個知名的平面設計眾包平台。如果你是一位有才華且勇於競爭的設計師，可以在這裡加入設計競賽，作品一旦獲選，就可以贏得現金獎勵。

ZillionDesigns——如果 99 designs 還不夠看，ZillionDesigns.com 則包山包海，什麼項目都有，它也提供類似設計眾包平台的服務。

Crowdspring——除了平面設計和網站設計競賽之外，Crowdspring.com 還支持企業命名競賽、產品命名、廣告標語、行銷文案競賽。創作者可以拿到所贏得的全額獎金。

GraphicRiver——你可以在 GraphicRiver.net 上銷售你的網頁設計、字體、標幟，甚至 PowerPoint 簡報版型。

4 ▸ 銷售你的好眼力

Scribendi.com 僱用校對和編輯人員在遠端工作，幫客戶校正文件。

5 ▸ 銷售你的專業技術

The Expert Institute 將各專門領域的專家（就是你！），和樂意付錢請你做分析、提供意見的律師和企業連結在一起。

在 PopExpert.com 開設一個帳戶，提供現場一對一的教練或諮商，任何主題都可以，只要你具備提供協助的資格。這個平台傾向提供身心靈健康的服務，但是也有其他方面的專家。

訂出你的價格，然後在你方便的時候，於家中或辦公室進行網路教學。

6 ▸ 銷售你的按摩療程

Zeel 是按摩界的 Uber。領有執照的按摩師，可以在 Zeel.com

填上他們還未被預約的時間，並且安排自己的行程。治療師可以賺取定價（大約六十分鐘 99 美元）75% 的費用，再自動加上 18% 的小費。

Soothe 的運作方式類似，會將有執照的治療師直接送到預訂的顧客面前。根據它的網站宣稱，比起傳統的 SPA，Soothe.com 的治療師可以多賺二至三倍的收入，工作時間也更有彈性。

讀者紅利：連結到 sidehustlenation.com/soothe，可領取第一次按摩的 30 美元優惠。

7　銷售你的知識

線上教育已經是一個 1 千億美元產值的產業，令人興奮的是，像你我一樣的個人教練，分享了這塊大餅的一大部分。畢竟，不論是在傳統教室裡，或是在電腦螢幕前面，學習要靠優秀的老師來帶領。今天，蓬勃發展中的線上教育平台，邀請你建立自己的網路課程，並透過教學賺取酬勞。

這個市場上最大的平台是 Udemy.com。在 Udemy.com 上，你可以建立自己專長領域的影片課程，訂出課程的價格（最高

200 美元），並且將它放到 Udemy.com 平台上銷售，那裡有將近一千兩百萬名學生。

自從 2014 年以來，我靠著擔任 Udemy 的講師已經賺進了 1 萬 1 千美元，儘管最近它的價格和促銷方式有些改變，我依然認為這是一個值得認識的平台，可以考慮把你的購買鍵放上去。

雖然我現在可以從 Udemy 上賺到還不錯且相對不須太花力氣的收入，但是我第一次推出的課程，卻是一場災難。那門課教學生如何僱用虛擬助理幫他們工作；我花了好幾個星期來製作這門課，結果幾乎完全賣不出去。

在和幾位成功的講師談過之後，我決定再試一次，結果第二次做得好多了。第二門課程談的是如何在 Kindle 上推出一本書，課程上線後的前六十天就賺到了 3525 美元，此後每個月都有進帳。我將會解釋我如何製作並且在 Udemy 上推出這門課程。

🔍 我的課程構想

在成功推出我的上一本書《聰明工作》（*Work Smarter*）之後，我在部落格寫了一篇文章，鉅細靡遺地描述我如何製作、上市、行銷這本書的每一個步驟。有幾個人在評論中甚至開玩笑地說，這些內容本身就應該出版成一本書了。

接著我幫忙幾位朋友出版他們的新書，而他們也一樣獲得類似（甚至更大）的成功。這進一步驗證了我的方法有效，我也

感受到 Kindle 是一個熱門議題。很明顯的，大家都在積極尋找如何讓他們的新書一砲而紅的訊息。

我把我第二門課的成功，歸因於它的主題：想知道如何在 Kindle 上推出一本書的人，要比想知道如何僱用一位虛擬助理的人多了許多。以我的經驗來說，大眾對一個主題是否感到興趣，對一門課程的成敗影響重大。

為什麼選擇 Udemy？

就像這本書列出來的其他購買鍵平台一樣，Udemy 是一個聚集買家的市場，根據 Udemy.com 網站的說法，這裡有一千兩百萬名學生。

Udemy 也讓新手講師很容易上路。你不用煩惱有關於如何讓會員登入到你的網站、如何管理儲存這些特別的影片，或是如何設定付費機制等雜七雜八的事情。

你只須列出課程大綱、拍攝影片、上傳課程單元就可以了。Udemy 會幫你製作一個體面好看、轉換優化過的銷售頁面。Udemy 還能讓你在課程中傳送大量的個人訊息給學生。你雖然沒有學生的電子郵件地址，但是你還是能夠和他們溝通。（在許多情況下，學生會設立電子信箱，所以訊息或課程公告無論如何都可以傳送到他們的信箱裡。）

在此提供你銷售的參考，你可以保留 97% 的課程收入。

Udemy 的缺點

當然，免費使用別人的平台，總會在其他地方付出代價。在 Udemy，當你的課程不受學生青睞的時候，你就得付出代價。由 Udemy 或它的合作夥伴來幫你銷售課程，你只能賺取 25% 至 50%。

這種狀況我可以接受，因為我認為這是額外「賺到」的生意——如果沒有 Udemy 的協助，我是絕對接觸不到這些學生的。

Udemy 的另一個缺點是，它限制你一門課程最多只能收費 200 美元。如果你的內容真的非常優質，用這麼低的價格銷售實在很不合情理。要不，你可以把內容分拆解成好幾個課程，像是 Kindle 出書指南 101、201、301 等等。

Udemy 也經常靠大打折扣來促銷，這會削減你的利潤，也可能讓你的品牌和內容變得廉價。

儘管如此，我還是認為它利多於弊，而我想在 Udemy 上再次嘗試。另一個選擇，則是自己來管理這個課程，在這種情況下，我就得自己扛起所有行銷、技術等各方面的工作。

過程中，你還是可以擁有內容的所有權，也可以自由地將內容整合到其他網路課程平台，或是自己的網站上。

推出前：規畫素材大綱

第一步是概述內容大綱。這門課程會涵蓋那些東西？

我依時間順序，將出書過程大略分成幾部分，最後列出很詳細的八頁大綱。

然後我從頭審視一遍，確認哪些部分要錄製影片，哪些部分屬於「大頭式」畫面，我直接對著鏡頭說話就可以了。

我總共規畫了大約三十個不同的「段落」，長度在三十秒到十分鐘不等。在 Udemy，你的段落愈短，課程的參與度就愈高。

在「大頭式」的段落裡，我寫了一個粗略的腳本，列舉重點做為提示，因為我不是那種鏡頭一打開，就可以口若懸河一直講下去的人。事實上，我還把這些重點列印出來，貼在攝影機上頭，我把它稱之為窮人的提詞機。

缺點是，這到後來得花更多工夫編輯和上傳……，關於這一點，我馬上就會談到更多。

拍攝課程

對 Udemy（以及其他線上教育平台）來說，錄製影片是呈現課程內容比較好的媒介。每一門 Udemy 的課程至少要有三十分鐘的錄影內容。

好消息是，如果你是個在鏡頭前會害羞的人，你不須一直出現在鏡頭前面。你可以使用螢幕錄影，對著螢幕上的截圖，或是 PowerPoint 簡報進行解說，如果你喜歡這樣做的話。

因為我希望我的課程可以有點變化，所以我結合了「大頭式」的影片和螢幕錄影。

螢幕錄影

螢幕錄影很簡單。事實上,我在腳本和大綱上添加了很多這類內容,而且我可以一邊滑著我的 iPad,一邊用我的筆電示範,同時還可以進行螢幕錄影。

我會分批處理這些內容,並且可以一口氣錄製好幾段。我不一定會照課程的時間順序來錄製,而是跳著錄,當錄好的時候,我就會在清單上把完成的部分劃掉。

大頭式影片

大頭式影片的製作,則完全是另一回事。我採取類似分批處理的方法,但速度慢了許多。

錄製過程中,令人訝異的是,最消耗時間的事情之一,是不知道到底要多久才能把每一個檔案加入編輯軟體裡。我使用的是免費內建的 Windows Live Movie Maker 軟體,它在輸入和輸出這些大型影片的檔案時,真的有夠慢。

在設定器材、調整麥克風、處理檔案、重拍糢糊的影片,以及編輯等作業來來回回之間,每五分鐘的大頭式影片,就得花上一個小時來製作,我這麼說應該不算太誇張。

總共加起來,我最後為這門課程準備了大約三個半小時的影片素材。

🔍 上傳到 Udemy

課程的所有素材一旦製作完成，就可以把它上傳到 Udemy。這是一個簡單明瞭的過程，也可能是這個平台最大的優勢之一。

🔍 為課程命名

Udemy 跟其他在這本書中提到的平台一樣，是一個搜尋引擎。這意味著，將你的目標關鍵字放在課程名稱中是非常重要的，以我的例子來說，課程名稱為「kindle launch」。

卡本（Rob Cubbon）是 Udemy 上成功的講師之一，他告訴我，最暢銷的課程會提供用戶一些具體的益處，所以我加上了課程「成果」：「在亞馬遜出版一本暢銷書」。

🔍 編輯評論

Udemy 非常鼓勵新手講師在錄製全部的課程之前，先上傳一段測試影片。這樣一來，講師就可以在投入幾個星期的課程製作之前，及時發現影片或聲音方面，有沒有什麼需要注意的問題，以免浪費時間製作一些和 Udemy 規格不符的內容。

一旦上傳了所有的影片並發布之後，Udemy 的編輯團隊會在課程正式上線之前幫你快速瀏覽一遍，並且提供一些建議（或要求）以供改進。

以我的例子來說，我必須把課程「封面圖片」上的文字移開，並在某些課程演講中增加一些敘述。編輯團隊還提出幾個修改的建議，但都不妨礙課程的推出。

建立社會認同

Udemy 的優點之一，就是它提供用戶一個絕佳的優化銷售頁面。你只須填上課程訊息，並且累積最初步的社會認同就可以。Udemy 的社會認同以兩種面貌呈現：註冊人數和評論。

根據另一位成功的講師布里登（Scott Britton）的說法，那個神奇的數字是，十個以上的評論人數，和一千人以上的註冊人數。這些數字很重要，因為它們是這門課的登錄頁面與 Udemy 搜尋結果最容易被凸顯出來的東西。

很自然的，潛在的學生會明白數字代表的品質保證。你的課程擁有愈多學生和愈多正面評論，就會有愈多學生願意投資你的課程。

感謝老天爺，我透過我的郵件名單，提供志願者接觸到這個課程，並邀請他們寫下評論，讓我終於獲得十個以上的評論。我很自信地讓你知道，有十個人願意助我一臂之力，去看看我的課程，並且留下良好的評論。

為了衝註冊人數，我製作了一個免費優惠券號碼，並且將它張貼到 Udemy Studio Facebook 群組，這是一個 Udemy 的講師可以招募學生和收集回饋意見的地方。

沒多久，有人把它貼到交易網站上，接下來，我急需的註冊人數便如潮水般湧進。有人會覺得用免費贈送的方式來衝人數有點奇怪，而事實上，這群專吃免費午餐的人，有絕大多數的人連一眼都沒瞧過這個課程。一旦我的註冊人數達到一千人，我就立刻刪除了這個免費上課的機會。

 課程上線

當我的課程已經萬事俱備，即將上線，我在我的部落格張貼課程相關訊息，並且在幾天之後發出一封電子郵件給我的訂閱者。

「這樣不公平！我又沒有部落格或電郵名單！」如果，你正這麼想，那麼，聽到這件事情也許會讓你感到欣慰一些——直接靠我個人的努力所賺到的錢只有 624 美元，或者說，只占課程全部收入的 17%。

招募聯盟夥伴

行銷策略最有效的一招，就是找到恰當的聯盟夥伴。

事實上，透過聯盟的管道，為這門課程帶來了 1801 美元的收入，剛好超過收入的一半。

好的聯盟夥伴具備什麼樣的條件呢？就是他們擁有的讀者群是你可以幫得上忙的，而且他們沒有會搶走你生意的產品。

對我來說，他們就是 SteveScottSite.com 的史考特（Steve Scott）和 NichePursuits.com 的豪斯（Spencer Haws）。

在史考特的網站上，我曾經以客座作家的身分，將我出書的經驗寫成一篇個案研究，結果反應相當不錯。所以當我的課程準備就緒，我就提供史考特免費上課的連結。因為他覺得課程很不錯，便發出一封電子郵件，將這門課列入他的推薦名單，廣為宣傳。

至於和豪斯的合作，我知道他和團隊成員正準備為他們的權威網站在 Kindle 上出一本書，所以我提供他們出書的協助，並且給他們上這門課的連結。結果他們的書一上市，成績便勢如破竹，而他們則慷慨地在這本書個案深入研究的單元，為我個人和我的課程大力宣傳。

在這兩個例子裡，我都為他們的讀者製作了優惠券的連結，結果都很豐碩。

我還找了其他的聯盟夥伴，但並不是每個人都會幫忙宣傳這門課，但這沒有關係。重點在於把漁網撒大一點，讓自己可以掌握到最好的機會，同時也能讓你的聯盟夥伴有最好的機會服務他們的觀眾。

我認為這個策略可以運用到任何行業的課程。

Udemy 的聯盟計畫則是透過 LinkShare 來進行。聯盟夥伴可以賺取銷售金額的 40% 至 50%，講師則賺取 25%。

🔍 刺激買氣

就如同其他的一些平台，你必須自己負責一開始的行銷推廣，在平台上博取注意力。在那之後，內部的排名演算程式和推薦引擎就會代替你的工作，而你會看到來自 Udemy 一千兩百萬名消費者的「有機」銷售額持續往上增加。

至少，在理想上是這樣子的。

🔍 市場的力量

在課程上市的六十天裡，藉由 Udemy 的促銷行動，我賺到了1099.7 美元的銷售額，占全部收入大約 31%。

從正面來看，這門課現在所賺到的每一塊錢，都是遞增的消極性所得。我偶爾會添加一些內容，或回應學生的問題，但課程一直都在那裡，現在已經成為我的一項資產。

🔍 它真的是消極性所得嗎？

整體來說，我花在 Udemy 上的時間，通常一星期不到十分鐘。我喜歡做的一件事情，是在 Udemy 平台上寄出我個人的歡迎訊息給每一位新生。我每星期寄送一次，而且很快就可以完成，因為我有一個範本，我只須剪貼一下就完成了。

我一定會提到我的課程名稱，因為學生通常會註冊好幾門

課，而且可能認不得我的名字。我的做法是，感謝他們加入我的課程，並且邀請他們有疑問隨時可跟我聯繫，我還會詢問他們的書是有關哪方面的主題。在我的簽名處，我也會附上SideHustleNation.com 的連結。（Udemy 對於外部連結的規定非常嚴格，這是一種比較幽微的方式，可以讓你的觀眾接觸到你的品牌和網站，而且完全符合規定。）

這個策略向學生顯示我是真有其人，而且我相信這有助於獲得更多正向的評論。

身為 Udemy 的講師，你也可以向學生傳送教育公告，或是其他有趣的內容。當我發現跟學生有關的內容，尤其是跟 Kindle相關的東西，我就會傳送課程公告。例如，我曾傳送了我採訪史帝芬生（Nick Stephenson）的筆記，他在採訪中說明，如何透過亞馬遜的書籍銷售系統建立電子郵件名單。另一則公告則是我和伯特（Chandler Bolt）的談話，他詳述了他快速寫好一本書的過程。

我認為這是將流量和參與度導向你個人網站的好辦法。根據Udemy 教育公告的規定，你不可以連結到付費的產品，只能連結到額外的免費教材。你可以將促銷公告連結到 Udemy 的其他課程。（每個月你可以發送多少次促銷公告是有限制的。）

 下一個階段：線上教學賺取全薪

在發現 Udemy 之前，艾比納（Phil Ebiner）從來沒聽過消極

性所得或線上教育。他曾經在大學學過影片製作，所以決定製作一門課程上傳到 Udemy，並且同時做著一份全職工作。他第一個月賺到了 62 美元，從此欲罷不能。

從那時候開始，他把線上教學的副業逐步發展成數十萬美元的事業，而他也辭去了工作，全心投入在這上面。

他的第一個課程是使用 Final Cut Pro 7 進行影片編輯。Final Cut Pro 7 後來停產了，這讓艾比納學到一個寶貴的教訓：如果你想要拓展消極性所得，你的課程必須盡量建立在可長可久的內容之上。

當我們談話的時候，艾比納已經發表了五十二門課程，並且擁有十三萬名註冊的學生。艾比納是 Udemy 上最有名的講師之一，他現正在 VideoSchoolOnline.com 建立自己的直銷管道。隨著他觀眾群的成長，他也在 YouTube、聯盟行銷和 Kindle 的出書市場上獲致成功。

我在 Udemy 上看到最成功的講師，似乎都將它當作是推動一系列組合產品的平台，意思是，他們會不斷地製作新課程。

你在那裡有愈精彩的素材，你就愈可能被發現，也愈可能把事業做大。

 催生課程構想

艾比納指出，你不需要是某個領域的頂尖專家，才能夠開設相關主題的課程。你只需要比來上這門課的人知道得多一些，

並且能夠提供清晰、優質的內容就可以了。

例如，艾比納曾經研習過影片編輯和攝影，所以他對這些主題有足夠的基礎知識。他強力建議你選擇一些有興趣、有熱情的主題來開課，在一開始不要太擔心收入的問題。他解釋，「勉強開自己沒興趣的課程，是自討苦吃，必敗無疑。」

 善用 Udemy 平台，發揮你的優勢

艾比納認為他成功的主要原因，是善用 Udemy 現有的用戶為基礎，發揮槓桿效應。

他一開始的時候，投入大量的時間和精力來建立學生人數的基礎，並且提高他在 Udemy 的排名。他用下列幾個方式進行：

①贈送免費優惠券。
②免費提供一部分他的付費課程。
③拜託親朋好友來購買他的課程，並且幫他的課程打分數。

我請教艾比納，Udemy 的折扣促銷活動會不會造成他的困擾？他表示，這些促銷吸引了成千上萬名的新生來上他的課，這些新生現在都成了他提供資料和宣傳其他素材的對象。

新手講師想在 Udemy 上賺錢困難嗎?

艾比納告訴我,在 Udemy 上有將近一萬九千名講師,以及四萬門課程,「這看起來似乎很擁擠,但我一直看到新的講師冒出來,而且比我當初開始教課的時候表現得更好。」

艾比納補充,Udemy 的講師雖然不一定需要具備教學經驗,但是擁有一些教學技巧,像是他教授的影片編輯,就很派得上用場。「錄音、編輯、上傳課程等技術面的問題,是許多人深陷泥沼被困住的地方。」他解釋。

艾比納和我都是使用 Logitech c920 網路攝影機,這是一台很棒的小攝影機。它的收音很好,也能幫你補捉到眼前的一些自然光,照片更是好得不用說了。它的售價大約只要 70 美元,所以你並不需要什麼特殊裝備,或是專人打光,才能錄製出優質的影片。

至於高品質的螢幕錄影,艾比納建議的錄影軟體有適用於 Mac 的 Screenflow,或是適用於 PC 的 Camtasia。

如何建立課程

艾比納開了這麼多門課程,可想而知,他已經發展出一套建立課程的藍圖。以他建立課程的經驗來說,他最深刻的體悟是,一定要在最前面的幾堂課,傾全力將最重要的內容涵蓋進去。很不幸的是,大部分的學生不會上完全部的課程,所以及早抓

住他們的注意力至關重要。

請把你最精彩的內容放在第二至第五支影片之中。艾比納會在影片一做簡短的介紹，影片二則會放入這個主題最重要的五個祕訣，這可以激發出使用者最大的興趣，並增加他們留下評語的機會。

使用第三方平台的風險

使用 Udemy，並且充分利用它平台上的廣大觀眾，當然是很好的一件事，除非它結束營運。艾比納發現的確有這種可能性，當一個較小的平台 Skillfeed 關門大吉之後。他在 Skillfeed 平台上一個月可以賺超過 1000 美元，從來沒想到它竟然會突然關門。Udemy 是一家規模大許多的公司，看起來也絕不可能會隨時停業，不過當你選擇第三方平台來管理你的內容時，還是得小心防範這個風險。

Udemy 並不容許你真正建立自己的郵件名單，但是它倒是允許你利用一個漂亮的解決方法，稱之為「The Bonus Lecture」（紅利課程），你可以把它附加在課程結束的地方。它可以只是一個 PDF 檔，邀請學生採取行動回應你的召喚，像是拜訪你的網站，如果他們喜歡這門課程，而且希望繼續跟你保持聯繫的話。

艾比納已經開始在他自己的網站 VideoSchoolOnline.com 主持一些課程。而隨著他在搜尋引擎自然能見度的增加，他也開

始有些收益。他也透過自己的網站來建立郵件名單，一旦他推出新的課程，就可以把消息寄送出去。

給新手和成名講師的一些建議

我問艾比納會給新手講師哪些建議，以幫助他們在 Udemy 有最好的起步。對於還沒有學生和觀眾的新手講師，他提供的指引如下：

①組合出一個物超所值的付費課程，長度大約二至三個小時。
②製作一個較短的免費版本，長度大約三十分鐘。
③在論壇和社群網站上，提供五百至一千張優惠卷，促銷你的付費課程。
④努力營造第一波買氣，並且用心經營第一批學生。
⑤幾個星期之後，請學生留下評論。
⑥架設自己的網站，並且在其他平台（例如 YouTube）發布內容。
⑦在你的**免費課程**加上紅利課程，促銷你的付費課程。

對於已經有郵件名單和客戶群的講師，他建議可以參考上面大部分的建議，但是可以利用你自己的郵件名單，以及（或是）Udemy 內部的公告工具，以限時嘗鮮價（19 至 29 美元）來促銷你的課程。

不妨想想看，你能教些什麼嗎？

 ### 其他可以考慮的平台

Skillshare——我已經把我的課程整合到 Skillshare.com 上面，在那裡賺的沒有 Udemy 多，但多少可以增加一些消極性所得。

Curious.com——Curious.com 是一個成長中的教育社群，會員只要繳交月費，就可以進入一個精心策畫的課程圖書館。如果你有課程想要分享，或你是某個領域的專家，你可以申請在這個平台上教學。每當有人觀賞你的影片，你就可以賺取版權費用；若是能吸引新生註冊，你也會獲得推薦獎金。

Pluralsight——Pluralsight.com 專門從事企業教育，以及專業技術和創意領域的持續培訓，例如軟體程式設計和平面設計的培訓。當你在這個平台上申請擔任課程的創作者，可以根據你的影片被收看的次數來賺取版權費。

Coursmos——Coursmos.com 是一個線上教育平台，你可以在此為自己的課程訂定價格，沒有任何限制。

RocketLearn | 360Training | Eliademy——這是其他幾個線上課程平台，你可以將你的課程整合到這裡。

Lynda——如果你是某個領域的「頂尖好手」，可以申請在 Lynda.com 上教學，它是一個很受歡迎的線上教育社群，由 LinkedIn 所擁有。

> 讀者紅利：想知道更多關於線上教學的訊息嗎？請連結到 **BuyButtonsBook.com/bonus**，獲取你的免費線上教學紅利。在這裡面，你會找到按部就班的方法，來落實你的課程構想，並且學習如何在你的平台上，將它銷售給求知若渴的學生。

8　銷售你的語言技能

2013 年，韓森（Chad Hansen）開始在 Verbling.com 教授英文，至今已經在這個平台上教過幾千堂課，並且賺進超過 10 萬美元。他說他很喜歡能夠靠線上工作養家活口，而且還可以自己安排行程。「我教的是一群積極、前瞻，令人振奮、大開眼界的學生，他們來自世界各地。」韓森說。

在從事線上教學之前的幾年，韓森曾經走過一段坎坷的路程，結果是 Verbling 救了韓森。在 2008 至 2009 年的經濟衰退期間，

他的房地產事業崩垮，而他的太太則因為移民問題被驅逐出境。有五年的時間，他和妻子安妮及兩個年幼的孩子分隔兩地，後來才又全家團圓。

韓森還特別提到，他的教學事業也並非不費吹灰之力就建立起來。「我相信我一天最長的工作時間，實際上高達十六個小時，」他說，「這是生死攸關的事情，我家裡有三個人嗷嗷待哺，我不能讓他們失望。」

現在，他們全家住在中南美洲，韓森在那裡可以光著腳丫工作，不必忍受通勤上班的壓力，或是辦公室裡的勾心鬥角。

在 Verbling，你可以自己設定語言課程的收費標準。大部分老師的收費是一小時 10 至 25 美元，而你可以用一小時 24 至 26 美元僱用韓森擔任你的英語老師，如果他的時間沒有全部被預訂一空的話。

 其他可以考慮的平台

Motaword——如果你會多國語言的話，可以透過 Motaword.com 從事翻譯工作，賺取費用。

SpeakWrite——為法律機構、政府部門或其他私人單位，將聲音轉錄為文本。根據這個網站的說法，SpeakWrite.com 一般的轉錄人員，一個月平均可以賺到 300 美元，而最頂尖的高手一個月甚至可以有 3000 多美元的收入。

Translate.com | Translatorsbase.com——透過翻譯文本來賺取酬勞。

Unbabel——在 Unbabel.com 上，為來自全世界的客服團隊進行二十八種語言之一的翻譯，一小時可以賺 8 到 18 美元。

italki——這個平台擁有超過兩百萬名學習外語的學生，你可以在這個平台上，為你的 Skype 語言課程和會話練習課程訂定每小時的收費標準。我瀏覽了 italki.com，發現它的英語練習課程大多一小時收費 10 美元左右。

VerbalPlanet——VerbalPlanet.com 是另一個 P2P 英語學習網站，在那裡，你可以排定自己的授課時間和收費。一堂四十五分鐘的課，學生平均支付 22 美元，VerbalPlanet 並要求你必須有教學經驗，才能來這個家教平台申請擔任老師。

Rype——Rype 應用程式連結全世界的語言家教和學習語言的學生。Rype 會負責安排課程時間和付款流程，你只須專心製作有用的課程和會話練習。然而，要成為這裡的教師，可能會是一個很大的挑戰，Rype 宣稱它們的老師平均都有超過七年的教學經驗，而且它們只僱用前 1% 最頂尖的申請者。

Myngle——在 Myngle.com 透過線上教學，教授專業商務旅

客學習你的母語。

Interlinguals——在 Interlinguals.com 建立你的個人簡介，與學習語言的學生在當地或線上進行會話練習，可以賺取一小時 15 到 50 美元的費用。

 下一個階段：建立自己的品牌

能夠將自己的語言能力變成一門認真獨力經營的事業，華勒茲（Gabby Wallace）是其中一人。華勒茲一開始是在日本的英語教室擔任老師，現在則是全職經營 GoNaturalEnglish.com。

為了善用上課之間的空檔，她決定錄製影片做為學生的補充教材。起初，她打算用電子郵件將影片寄給學生，但很快就發現檔案太大了。她轉而將影片上傳到 YouTube，然後將影片的連結傳送給學生。

近乎偶然的，她就這樣將自己在日本當地的小組教學內容，帶到全世界的觀眾面前。接下來的幾個月，在 YouTube 上觀看她影片的人數往上攀升，而一對一家教和輔導的需求也開始紛紛湧進。

 提問和創造內容的力量

華勒茲持續上傳更多影片，並且同時全職在教室裡教英文，

她經常利用學生的提問做為製作影片的靈感。她解釋，她的內容構想大多不是來自於關鍵字搜索，或是搜尋引擎優化（search engine optimization，簡稱 SEO）的排序，而是藉由「問學生有什麼問題，以及他們想看到哪些影片」而得來。

事實上，回答具體問題的內容，是一種很受歡迎的教學方法，觀眾很受用，而且每當有人在 Google 上輸入類似的問題時，還能增加你被發現的機會。

透過 Skype 擔任一對一家教大約一年後，觀眾開始詢問華勒茲，是否有開網路課程。既然學生開始有這樣的需求，她知道製作付費產品的時機到了。

付費 vs. 免費內容

因為 YouTube 是一個免費頻道，我很好奇如何讓自己的教學影片成為一門能夠賺錢的事業。換句話說，如果你製作的影片都是免費的，大家還要付什麼錢？

華勒茲建議提供不同的規格，來做為免費和付費素材的主要區別。內容也許類似，但是長度和規格則非常不一樣。

例如，華勒茲在 YouTube 的影片通常大約五分鐘。這些影片的長度足以涵蓋一個主題的基本重點，但是短到能夠吊足觀眾的胃口，讓他們想看更多，欲罷不能。

另一方面，她的付費產品影片長度則長了許多。華勒茲提到的另一個有趣觀點是，她在 YouTube 的影片內容，有 50% 是在

激發動機，另外 50% 則是實用導向。這是因為學習第二語言，保持動機無比重要。對照之下，她的付費產品著重在「基本用法」和「跟著學」這類型的內容。

她將 YouTube 當作免費資源來吸引觀眾，然後再提供一項免費產品，將這些觀眾導向她的網站，以換取他們的電子郵件。華勒茲解釋，大部分向她購買課程的觀眾，並非直接來自於 YouTube，而是那些與她互動頻繁，加入她郵件名單的觀眾。把郵件寄給他們之後，生意就滾滾而來了。

在擁擠的利基市場中，如何脫穎而出？

許多想在 YouTube 開啟事業的人，也許會因為看到同一個利基市場上其他頻道數量眾多，而感到退卻。華勒茲認為她可以脫穎而出的主要原因，是她勇於做自己。這聽起來也許有點老套，但是你的人格特質是很獨特的東西，也只有你能提供。如果你準備在 YouTube 開一個頻道，一定要記住這個重點。

我認為華勒茲成功的原因還有一點，那是因為她喜歡出現在鏡頭前面。她並不害怕看起來有點「傻里傻氣」的，她為影片帶來歡樂正向的能量。她告訴我，她的確因為無法一直正襟危坐而失去一些訂戶，但有更多人表示，或是寄電子郵件告訴她，他們很喜歡她的風格。

華勒茲花了三年的時間，才讓她的頻道訂戶達到一萬人，但從那時候開始，兩年之內，就成長到二十多萬名訂戶。她將迅

速成長的原因，歸功於她花了更多心血為影片命名。「一定要確保你的標題包括目標關鍵字，」她指出，「但是也要點出這支影片的獨特之處。」

例如，她有一支影片的標題是「別害羞！如何和任何人都可以用英語聊天」，我認為這個標題很容易出現在一些關鍵短句，像是「如何和人聊天」、「用英語聊天」、「別害羞」等搜尋頁面。這支影片已經被瀏覽超過七十五萬次了。

透過 YouTube 營利

上傳影片到 YouTube 很耗費時間精力，但是可以為事業成長打下基礎，就像華勒茲的例子一樣。

讓你的頻道獲利的方法之一，是透過 Google 的廣告夥伴計畫。華勒茲已經如此進行多年了，一個月可以為她帶來 300 至 1000 美元的進帳。

她還提到，她實際上關閉了 YouTube 上一些最受歡迎的賺錢影片，轉而促銷她自己的產品和推廣郵件名單的註冊人數。短期來看，這會增加她的開銷；但從長遠來看，這會提升她課程的銷售量與用戶的參與度。

除了一對一家教和銷售課程之外，她還有其他營利方式，包括以聯盟者的身分直接和贊助商合作，促銷相關產品和服務，並且和其他線上的語言教師參與搭售。

這些搭售方案包括課程、影片、電子書，以及來自所有合作

者的其他產品。藉著和其他頻道的主持人合作，她可以接觸到更廣大的觀眾群，這對所有參與搭售的老師來說，都是個雙贏策略。

9　銷售你的割草本領

喜歡聞剛割下來的青草味道嗎？YourGreenPal.com 連結屋主和鄰近的園丁與割草機。你可以在上面建立個人簡介，出價競標想做的工作，然後除草去。

10　銷售你的法律建議

UpCounsel.com 是一個成長中的法律諮詢市場，它幫顧客媒合具備某領域專業的律師。

律師也可以利用 LawTrades.com 平台，用新世代的方式，連結到有法律諮商需求的顧客。

11 銷售你的機械技能

　　合格的汽車修理人員可以在 YourMechanic.com 找到彈性時間的工作機會，一小時賺取 40 至 60 美元，並能自行選擇想做的案子。相較於修車廠或經銷商，這個平台保證消費者在這裡修車可以省下超過 30% 的費用。

🔍 下一個階段

　　伯克納客（Matt Bochnak）在他位於伊利諾州芝加哥的家裡，經營著摩托車修理事業（ChicagolandMotorcyleRepair.com）。這份工作本身就是一個很棒的副業，但是麥特還想到一個點子，開始把他修理摩托車的過程拍攝下來。現在他在 YouTube 上已經有一萬九千名訂戶，並且在他自己的網站銷售完整步驟的 DIY 修車指南給其他摩托車車主。

　　他說他現在賣修車指南影片賺的錢，實際上比他親自動手修車賺得還多，而且 Allstate 保險公司的摩托車保險部門還曾經找他幫忙製作影片。

12 ▸ 銷售你的音樂

音樂家可以在 Bandcamp.com 直接銷售他們的音樂給獨立樂迷，這個網站迄今已經支付藝術家超過 1 億 6600 萬美元。

CDBaby.com 宣稱自己是網路上最棒的獨立音樂商店。除了它自己廣受歡迎的店面，**CDBaby** 還會幫你在九十五家以上的網路商店，和一萬五千多個以上的實體據點銷售你的音樂。

13 ▸ 銷售你的攝影服務

專業攝影師和錄影師可以利用 SmartShoot.com 來拓展他們的客戶層，以及找到新的案子。

WonderfulMachine.com 是另一個類似的平台，可以連結攝影師和有需求的客戶。

14 ▸ 銷售你的照片

對於攝影愛好者來說，另一個有趣的賺錢方式，就是銷售圖

庫。這些影像在全世界的精美網站、小冊子、行銷素材上都隨處可見。

　　布萊德森（Dave Bredeson）是一位專業的商業攝影師，他在委託接案之外，靠著在 Dreamstime.com 銷售圖庫以增加收入。雖然每張圖片只能賣一點點錢，但同一張圖片可以賣給數十位不同的買家。事實上，當我們和他聯繫的時候，他的圖庫裡有大約三千張照片，但是他在 Dreamstime 上就賣出了七萬四千張照片。

　　「最近我在 Dreamstime 上，一個月平均可以賺到 1600 美元，」他表示，「我盡可能選擇拍攝成本最低的主題來拍。我的圖庫主要是由背景照片、科技、商業和聖誕節應景照片所組成。」

　　Dreamstime 的另一位攝影師湯瑪斯（Kevin Thomas）補充，「你必須了解哪類型的圖片有市場需求。每個人大概都知道哪類型的照片比較有商業價值，因為你每天都會接觸到各式各樣的廣告和行銷內容。」

　　然而，湯瑪斯注意到這門生意變得愈來愈競爭了。「我發現自己愈做愈多，卻愈賺愈少，」他坦承，他還說，在 Dreamstime 上，他靠著兩千五百多張圖片，一年可以賺七千至八千美元。「在線上銷售圖片還是大有可為，」湯瑪斯說，「歸根究柢還是要看你怎麼經營自己的事業，以及你可以提供什麼水準的產品。」隨著專業和業餘攝影師不斷加入，市場變得愈來愈飽和，也迫使攝影師必須提升自己的拍攝與編輯能力。

「擁有一個微型圖庫的事業，它的好處之一，就是你想投入多一些或少一些時間，都隨你自己高興，」他說，「搞創意或做藝術創作，可以得到自我的成就感，偶爾也會發現各式各樣的利基市場，在那裡，你的作品也許會獲得青睞。」

EverythingMicrostock.com 是由史諾（Leez Snow）經營，這個網站致力於幫助攝影師在這個領域中獲利。在 iStockPhoto.com 銷售圖庫的史諾，呼應布萊德森的觀點，這是一場比數量的遊戲。「數量才是關鍵，」她說，「攝影師的思維必須做一個很大的轉變，例如說，『相對於在藝廊用 100 美元賣出一張照片，只賣一次，我會願意用一美元的價格賣出這張照片一百次。』」

史諾一開始只把圖庫攝影當作副業，但是她現在可以完全靠銷售圖庫過活。為了提高銷售的機率，她建議要充分利用平台的關鍵字標籤和圖片命名工具。「把它想像成是 Google 的搜尋引擎，去思考所有可以讓人搜尋到你圖片的方法。」

其他可以考慮的平台

SnapWire——當有公司在 SnapWire 上買下你美麗的照片，你就可以賺取 50% 至 70% 的版稅。

Foap——把你手機裡的照片交給 Foap.com 這個獨特的圖庫網站，你的照片每賣出一張，就可以賺取 5 美元。我曾放了幾張

照片上去，不過還沒有人買。

PhotoDune——在 PhotoDune.net，攝影師可以賺取他們作品 55% 的版稅，獨家照片則可以賺取更高比例的版稅。

Pond5——Pond5.com 是一個超酷的網站，不只有攝影，還有音樂、影片、音效和插畫。藝術家可以為自己的作品定價，並可獲得 50% 的版稅。

Clip Canvas——你可以透過 ClipCanvas.com 搜尋引擎和目錄，銷售你的影片和電影片段。

Shutterstock｜DepositPhotos｜Fotolia｜BigStockPhoto｜Alamy——市面上大約還有數十家圖庫網站。如果這些平台沒有要求你獨家供應照片，你不妨把你的作品整合起來，放到全部的圖庫網站上，以爭取最大的曝光機會和版稅。

15 銷售你的技能（自由工作平台——現場工作）

Thumbtack.com 是一個自由工作市場（目前只在美國營運），

它似乎比較傾向由在地的業者提供服務。不過，從事自由接案的機械工程師崔西（Scott Tarcy）發現，它也開放遠端工作。它是由買家提出需求，如果你覺得自己能勝任這份工作，就可以來競標。

相對於其他的接案平台或競標網站，Thumbtack 限制張貼在它上面的每一份工作只能有五個人來競標。這意味著你不是在跟幾十個人搶一份工作，而買家的決策過程也會因此變得比較簡單快速。

缺點是，這也表示你的動作要快，必須盡快搶標。崔西指出，在手機上安裝應用程式，是他可以得知最新相關貼文最快的方式。當有新的工作機會符合他的條件，他就會馬上收到應用程式發送的通知。

Thumbtack 向你，也就是承包商，每次競標統一收費 7 至 12 美元。其他幾個市場像是 Upwork 或 Fiverr（見下文），這些平台則會抽取工作收入 5% 至 20% 的佣金，這有可能一下子就抽走你一大筆錢。如果你做的是一個 500 美元的案子，花 7 美元來 Thumbtack 競標，而且爭取到合約的話，會比到其他平台拿 100 美元來支付平台費用要划算許多。一旦你在 Thumbtack 贏得工作，依照敲定的價格，工作所得 100% 歸你所有。

崔西一向很密切注意他在 Thumbtack 平台的投資報酬率。剛開始的時候，他投入 1 美元競標，平均可以賺到 2 美元。如今，他花 1 美元，大約可以賺 10 美元。換個方式說，他花 70 美元競標，可以贏得價值 700 美元的工作，如果不是透過

Thumbtack，他完全沒有機會接觸到這些客戶。他還補充，如果你認為這場競標是個騙局，也可以要求退款。

崔西分享了在 Thumbtack 競標工作的一些訣竅：

①建立一個電子郵件範本，這樣你才能快速競標工作，成為頭五名競標者之一。
②回覆時，詢問更多細節，以便和顧客展開對話。
③客戶一旦有回應，你要立刻回信，並提供詳盡的細節與個人問候。
④如果客戶留下電話，立刻打電話過去，直接和客戶談。

Thumbtack 包含的市場相當廣泛，服務項目包括：會計、房屋油漆、聲樂課、拼布、網頁設計，甚至法律事務。這家公司去年支付了超過 10 億美元的費用。

其他可以考慮的平台

TaskRabbit——TaskRabbit.com 是最大的共享經濟平台之一，你可以建立自己的專長簡介，什麼領域都行，從在當地跑腿打雜、組裝家具、擔任在地的短期管理人員，甚至線上支援工作。

工作酬勞因個人所提供的服務不同，而有很大的差異，我從時薪 15 美元到 100 美元的工作都看過，專業工匠的酬勞甚至更高。

AskForTask——AskforTask.com 是加拿大工作派遣市場的領導品牌，你可以在上面註冊，在你居住的城鎮從事房屋清潔、搬家，或者雜工專案這類的「差事」。

Airtasker——Airtasker.com 是澳洲版本的 TaskRabbit。

Bark——Bark.com 是英國的專業服務市場。你可以加入這個網站讓別人找到你，並獲得可以配合你時間的工作。

Zaarly——Zaarly.com 可以幫你媒合附近有居家清潔、庭院照顧，以及雜工服務需求的客戶。

Handy——清潔人員一小時可以賺到 22 美元，巧手工匠甚至可以賺到 45 美元。根據 Handy.com 網站的說法，頂尖的專業人士一星期甚至可以賺進 1000 美元。如果你擅長於油漆、水電或清潔打掃，而且服務態度良好，這會是一個挺有賺頭的副業。

LocaWoka.ca——這家公司致力於為忙碌的屋主找到適合的人選，可以幫他們跑腿打雜、洗衣服，或到附近提領貨物。

16 ▸ 銷售你的技能
（自由工作平台──線上工作）

 Fiverr

對我來說，Fiverr.com 曾經讓我有過大開眼界的副業體驗。自從我開始加入這個平台以來，我已經賺進超過 1 萬 1 千美元，遇到許多了不起的人物，親身經歷了市場的威力，就像我在這本書中所描述的那些案例一樣。

在 Fiverr 上面，你可以提供一個最基本的「零工」服務──某樣你可以用 5 美元門檻價提供的服務項目──然後添加相關的加購項目，或是套裝服務，來增加你的訂購價值。透過 Fiverr，我曾經賣出 1000 美元的專案，而我的一位播客來賓則宣稱，他曾在 Fiverr 賣出 1 萬美元的案子，是該網站有史以來第一人。所以，雖然起始價很低，但這裡絕對有賺錢的機會。

你不須競標工作；從這個層面來看，這真的是一個購買鍵平台。你自己決定要賣什麼東西，任何想購買的人則可以來下訂單。

起初，對於需要我直接花時間去完成的工作，要把它們放上平台去銷售，我都很謹慎。畢竟，賺取區區 4 美元（在 Fiverr 抽取 20% 的佣金之後），一點也算不上是出人頭地的好辦法。

所以，我從自己寫的電子書開始賣起，結果一開張就成果豐碩。其中一本甚至出乎意料地比在亞馬遜還賣得好。

隨著我對這個平台愈用愈順手，我決定推出一個新的零工項目來賣賣看——網站審核五分鐘迷你影片。

這個概念很簡單。民眾可以將他們的網站連結寄給我，我會提供他們改善網站的建議。

這個影片需要花幾分鐘準備，播出長度大約五至七分鐘，再加上幾分鐘上傳交付就可以了。

如果我能吸引他們一再光臨，就可以賺到還不錯的時薪，大約一小時 24 美元。我差不多做了一年多的時間，最後大致完成數百筆像這類網站審核的工作。顧客的回應很好，它花不了太多時間，而且真的非常有趣。

靠著這個小小的副業，我一個月可以賺 200 至 400 美元。

至於我的「零工加售」項目，我則提供了網站行銷，或搜尋引擎優化更深入的分析，並且附上一本我的電子書——《小型企業網站檢查清單》（The Small Business Website Checklist）。這些零工加總起來的平均定價可達 14 美元，遠高於 5 美元的最低門檻。

不意外的，這些零工主要的收益來自於少數的客戶；25% 的客戶可以創造 75% 的收入。雖然沒有百分之百符合 80/20 原則，但非常接近了！

我的客戶有將近三分之一會訂購我的「零工加售」項目，我不確定 Fiverr 網站的平均值是多少，但是我覺得這是一個很恰

當的比例。

後來，我還透過 Fiverr 提供非小說書籍的校對和編輯服務，費用是每五百字五美元。因為大部分的書籍都超過五百字，這份零工的購買價也遠超過平均單價，而且我還能夠讀到一些真的非常有趣（和一些不是那麼有趣）的作品。

以下是我認為可以讓你在 Fiverr 成功的幾個要素。

①簡短的零工名稱

簡單明瞭的零工名稱賣相最好。短短幾個字很難完全傳達你的零工價值，所以你應該測試幾種不同的變化，看看哪一個最有吸引力，或有最多人搜尋。

專業提示：可以使用 Google Keyword Planner，來查看哪些字詞比較容易被搜尋到。Fiverr 就像許多其他類似的平台，是一個迷你搜尋引擎。

你要從顧客的角度來設想，他們在搜尋什麼字詞的時候會找到你？

②詳細的說明

買家在購買前，必須弄清楚他們要買的是什麼東西。這是你銷售服務的機會，也是你讓客戶知道，他們為什麼應該跟你做生意的機會。

如果你收到一大堆詢問細節和要求澄清的信件，這表示你的說明做得不夠完備。

你也可以在說明中提供更多細節，用來促銷和解釋你的零工加售項目。

說明限制在一千兩百字以內，字數並不多，所以必須簡明扼要。Fiverr 容許你在格式上有些自由，你可以使用粗體字或斜體字、符號列表或數字列表，以及畫出文本重點。

你可以利用其中的一些方法來加強你的說明。

③影片和圖像

Fiverr 報告指出，附有影片說明的零工，比沒有影片說明的，銷售多出 220%。由此可見，影片幾乎已經成為必要配備。

我的影片算不上什麼高品質的素材，就只是我對著攝影鏡頭說話。如果你在鏡頭前感到不自在，有趣的是，你說不定可以在 Fiverr 上找到人幫你製作零工介紹影片。

④設定追加銷售目標

追加銷售或零工加售，是 Fiverr 最刺激好玩的地方。你拿到愈多訂單，就有愈多機會提升追加銷售的費用。

我發現訣竅在於，提供你的零工客戶一些他們可能感興趣的不同選項。

你可以隨時調整加購的項目和定價，所以多測試不同的選項不會有什麼損失。要記得，你賺得愈多，Fiverr 也就賺得愈多，這意思是說，這家公司會希望你成功，大發利市。

⑤請求回饋

Fiverr 的回饋系統是大家熟悉的五星評價系統。

有鑑於大多數的人不會留下評價，除非你拜託他們，所以我在我的交件郵寄範本上，一向都會附上一段文字，請求買家給予我「五顆星」的評價，如果他們認為我提供的零工值回票價的話。

透過這項安排，我的客戶有將近 80% 會留下正面的評價。藉著親朋好友或喜愛你的客戶，讓你的零工服務獲得初步的正向回饋是非常重要的。

⑥提供保證

我確保我所有的零工服務，都會提供 100% 的退款保證。我認為這有助於說服那些還在觀望要不要下訂單的客戶。

◉ 下一個階段

以我所提供的網站審核這項零工來說，它原本可以成為網站開發全方位服務機構的完美敲門磚。經常會有 Fiverr 的客戶來感謝我對他們的網站所提出的意見，並且詢問我是否能夠親自出馬，幫他們依照我所做的建議來修改。

因為這不是我的重心，我也不見得總是有這方面的技術可以搞定一切，所以只好婉拒。但是如果這是我的業務之一，我相信 Fiverr 必定會成為潛在客戶的一個重要來源。

我的 Fiverr 轉型：銷售數位產品

最近我關閉了網站審核影片的零工，以及校對的零工，轉而回復到我一開始在 Fiverr 的策略——銷售數位產品。這些書籍和指南以 5 美元的價格供應，是很棒的產品，因為它們可以解決某些客戶的問題，而你只須製作一次，就可以一直持續銷售。

它們帶來的收入沒有零工接案多，但也不會花掉我任何時間，既然這些資產都已經製作完成，每次銷售都能帶來獲利。

也許你在瀏覽你的硬碟的時候，會挖到一些寶（就像我一樣），會發現你曾經寫過或記錄下來的一些實用指南，說不定很適合拿到 Fiverr 重新利用。

至於你可以銷售哪些服務或數位產品，不妨看看每個類別的最暢銷產品，可以讓你得到一些靈感。

藉由觀察這些零工，你可以知道市場上有這樣的需求。隨著賣家因需求增加導致交貨時間全卡在一起，這讓你逮到一個好機會可以趁虛而入，提供類似的服務，但供應速度更快。

 紅利章節：五個平均訂單價值較高的 Fiverr 零工

Fiverr 也許只是一個從 5 美元起跳的市場，但精明的賣家都知道，這個平台有機會賺到更高的收益。

賺錢的機會來自於零工加售（追加銷售）、多筆訂單、套餐方案、客戶優惠方案等等。透過客戶優惠方案，你實際上的銷售金額可以高達 1 萬美元。

　　但是如果你是一個新賣家，可能很難判斷出哪些零工有比較高的平均訂單價值。關於這一點，Fiverr 現在會藉由陳列賣家的「套餐方案」，鼓勵買家多花點錢，購買超過 5 美元基本門檻的東西，但是你還是可以拿回這件事情的主導權，你可以在你的工作說明與零工促銷影片中，強調出你的零工加售項目。

　　以下舉出一些你也許可以做做看的零工，它們的平均訂單價值通常比較高。

①校對和編輯

　　因為大部分的校對都是依字數計費，自然有機會拿到較高價的訂單。5 美元基本門檻的零工，通常是五百字至一千五百字的校對工作，但是一本書的長度可能有兩萬字，甚至更多。以一字 0.01 美元的價格來計算，一本兩萬字的書，就是一筆 200 美元的訂單。

　　我早期的確透過 Fiverr 幫很多客戶做非小說類書籍的編輯。有一本書超過十萬字，而這本書的作者成了第一位支付我超過上千美元的 Fiverr 客戶。（我們把這份工作拆成

好幾個部分。）

②旁白

類似的，旁白也是以錄製的長度計費。5 美元基本門檻的零工，通常是錄製五十字至一百字腳本的工作，但是如果你需要做得更多，你就可以用零工加售的方式來做。

另外，在你的追加銷售中，也可以提供不同的檔案格式、背景音樂，或快速交件服務。例如，我在 Fiverr 訂購我播客節目的介紹，價格是 15 美元，因為它包括了前奏、片尾曲和背景音樂。

至於做為賣家的經驗，我曾做過一次旁白的零工（應客戶要求），結果發現照著腳本一字一句抑揚頓挫地讀出來，而且還能讓人聽得懂，遠比我想像中的困難許多。從此之後，我就再也沒嘗試過！

不過，如果你有現成的麥克風和錄音軟體，這可能會是一個有趣的開始。

③聽打服務

雖然我在 Fiverr 上很難找到優秀的聽打人員，但我確定一定有這樣的人在。5 美元門檻的零工，大致可以提供五至二十分鐘的錄音聽打服務。如果你可以吸引到那些有一

小時播客節目的客戶，就等於拿到一筆 15 至 60 美元的訂單。

而且因為大部分的播客主持人都會定期製作新節目，你很容易培養出一群老客戶。

至於額外的零工加售，你可以提供加速交件服務，或是依照客戶需求提供特別的格式。

④書封設計

書封設計和其他平面設計的零工，讓你有大好的機會進行追加銷售，並且有機會經營長期客戶。雖然設計一個新穎的書封，一開始只能拿到 5 美元基本門檻的零工酬勞，但是你可以把高解析度圖像、多種變化、不同的檔案格式，和精裝版正反面書封設計，全都納入你的零工加售項目中。

⑤文案寫作

就像上面列舉的例子一樣，你可以在 Fiverr 找到才華橫溢、令人激賞的作家。但是他們不太可能是那些以 5 美元提供一篇五百字文章的人。

身為賣家，你有大好的機會和願意出高價的客戶合作。

寫作零工通常以字數計費，很少考慮到相關研究的工作

量。如果你可以訂出一個以字數計費的合理價格，並且能夠吸引到有更長內容需求的老客戶或新客戶，你就可以讓你的訂單平均價值達到 20 美元或更多。

特別是如果客戶正在尋找定期撰寫部落格文章的人選，並且希望能維持一致的調性，那你就有可能成為他們的外包作家。

當你可以藉由專攻某個利基市場，或某些類型的文案，進一步凸顯你的獨特性時，我相信最有價值的訂單就會滾滾而來。當對的文案遇上對的客戶，一字千金也是不無可能的。

 換你做做看

你可以在 Fiverr 上做哪些零工？希望透過以上這些例子可以激發出你一些靈感，並且讓你看到 Fiverr 是一個充滿賺錢機會的好地方，除了掙那 5 美元的蠅頭小利，你其實還大有可為。我的做法是，在一開始的時候，先去看看那些暢銷賣家的銷售頁面和影片，試著效法他們的做法，再加上自己獨特的內容。

在 Fiverr 或其他平台上從事自由接案，有件事情一定要謹記在心，那就是：永遠都會有人提供更便宜的東西，但是你絕對不要跟他們削價競爭。

在你逐漸建立一些工作成果之後，一定要堅守原則，不要屈服於壓力而降價。

Upwork

如果沒有提到 Upwork，任何關於線上自由工作者的討論都是不完整的。Upwork 是 Elance 和 oDesk 這兩大自由工作者市場合併之後的結晶。

透過 Upwork，你可以建立個人簡介，然後競標符合你條件的工作。這其中的竅門，牽涉到一點科學與藝術，雖然你會聽到有些人抱怨客戶把他們當作廉價勞工，或是競爭太過激烈，但是我卻不斷地聽到有人在這裡找到高品質工作的成功故事。

例如，我的朋友格尼金（Jesse Gernigin）是一位專業的催眠師，在 Upwork 接文案工作以增加收入。他將他在這個平台上的成功，主要歸因於他對於「人性的了解」。

即使他的競爭對手比他更聰明、更專業，格尼金說他還是可以贏得自由接案的工作，靠的就是他更懂得客戶想聽到什麼，

並且懂得和客戶溝通，告訴客戶他可以如何幫助他們。

具體來說，在他保住第一個工作之後，格尼金便利用 Upwork 來尋找那些在未來會提供更多工作給他的客戶。雖然這並非百發百中，但是他發現客戶經常會發出微妙的信號，顯示出他們可能還會再次提供工作的機會。

例如，你可以看看客戶在平台上的付款紀錄、他們的回饋評等和評語，以及他們過去是否曾經張貼過類似的工作需求。

格尼金提到很有趣的一點，有些工作布告會寫上類似這樣的一段話：「如果我們對你感到滿意，會持續聘用你。」對他來說，這等於擺明了這位客戶不會重複僱用某人，這只是一種想吸引更多自由工作者來競標工作的手法。

理所當然的，能夠和你喜歡的客戶一再做生意，對所有相關的人來說都輕鬆許多，而且可以大幅提高你的實質工作時薪，因為你不須花太多時間撰寫提案或競標新工作。

在任何一個新的平台開始接案，最大的挑戰就是你的回饋評價還付諸闕如的時候。一個解決辦法是，提供優惠價格來吸引第一批客戶，因為基本上他們也不確定你是否是合格，他們也是冒著風險僱用你。

事實上，我以前在播客節目裡曾經聽過幾位成功的自由工作者建議，先把價格降到比競爭者少 15% 至 20%，以求建立你的工作資歷，並且贏得一些初步的正面評價。

雖然這個策略肯定有些效果，但是格尼金說不一定非得這樣

做。只要你的價格合理，他建議你不要把自己當作便宜貨來賣，這樣壓力會很大。例如，他一開始的時薪是 65 美元，最近他的時薪已經增加到 95 美元。

如果你想索討較貴的價格——或甚至是有競爭力的價格——你必須先和客戶建立關係。

格尼金分享了他在 Upwork 提案爭取工作的一些技巧：

①不要花時間錄製個人影片。雖然我認為這招絕對可以讓你的提案脫穎而出，但是格尼金表示，你最好花點時間撰寫一份偉大的提案。他說他可以在五至十分鐘之內就敲出一篇精心製作的提案。

②稱呼客戶的名字。這能讓提案感覺比較親切，提高開信率。

③回覆客戶需求時，重寫部分內容。以便向客戶顯示，你不只是用範本剪剪貼貼而已。

④向客戶說明需求事項，你會如何提交服務，以及客戶將會看到什麼樣的成果。

⑤分享你類似的工作經驗和成果，幫助客戶了解你可以為他們做些什麼。

格尼金也分享了他的「感恩理論」。意思是說，向客戶表達你的感謝之意，你很高興有機會可以為他們工作，而且合作愉快。當客戶知道你很樂於為他們服務，他們愈有可能把更多的工作交給你。

🔍 下一個階段

　　格尼金補充，你在 Upwork 系統上的工作時數愈多，潛在客戶就愈容易看到你的個人簡介。這會帶來更多「私人邀請」的工作機會——潛在客戶會要求你特別針對他們的工作提出企畫。如此一來，成功會帶來成功，讓你在激烈的競爭中先馳得點。

🔍 其他可以考慮的平台

Freelancer.com | PeoplePerHour | Twago | Guru | People as a Service—— 回溯到 2005 年，Guru.com 是我第一個以客戶身分使用的自由工作者網站。Freelancer 不是我最喜歡的自由工作者平台，但是它仍然有眾多的買家。PeoplePerHour 則在英國相當受到歡迎。所有的這些網站，和其他類似的平台，運作的方式都大同小異，它們連結自由工作者和客戶，並且從中抽取工作佣金。

TopTal——如果你是位軟體開發專家，而且想小試一下身手，你可以在 TopTal.com 平台上從遠端為客戶工作，賺取大筆收入。不過，它很重視「頂尖人才」，只僱用前 3% 最頂尖的申請者。

FreeeUp——你可以在這裡賺取高達 50 美元的時薪，端看你具備哪些技能，這個新的自由工作者平台，會把你和有需求的

企業媒合在一起。為了讓 FreeeUp.com 上的服務供應者維持高品質，它們會要求服務供應者在 Skype 上做兩次面試。

Konsus——加入 Konsus.com 自由工作者全球團隊，可以依照你的時間表，發揮你的專長為客戶服務，並賺取酬勞。Konsus 宣稱自己是個「鐵飯碗」，你不用整天忙著找工作。

Needto——加入 Needto.com 市場，可以找到你專長領域的彈性工作機會，當地的或線上的工作機會都有。

Growth Geeks——GrowthGeeks.com 這個獨特的自由工作者平台，是特別為尋找重複月聘的工作而搭建。你可以在這裡找到製作 Instagram、資訊圖表、搜尋引擎優化，以及其他更多的零工，酬勞從一個月 49 美元到 500 美元都有，有時甚至更高。一旦申請通過，成為合格的技客，你就可以在這市場上提供服務。

Topcoder—— Topcoder.com 至今已經發出了 8 千萬美元給它的設計師和軟體開發社群，這些人是在企業贊助的眾包競賽中贏得獎金。

Torchlite——Torchlite.com 是一個新的自由工作者平台，專攻數位行銷市場。如果你是一位部落客、電郵行銷人員，或社

交媒體愛好者，不妨加入這個網絡，連結到全美國各地的客戶。Torchlite 與眾不同的地方在於，它著重在一年期的合約，所以自由工作者可以和客戶建立長期的工作關係，一路將活動執行完成，並且每個月賺取穩定的收入。

Moonlighting——GoMoonlighting.com 是特別為兼差者所設立的平台。可以在此免費張貼你能提供的服務或技能，連結當地或美國各地的買家。

讀者紅利：想知道更多關於如何開始從事自由工作，或想諮詢事業建議嗎？請連結到 BuyButtonsBook.com/bonus，免費下載自由接案和事業諮商的紅利。

　你可以在當中看到一些例子，告訴你如何決定要提供什麼服務，如何主動接觸潛在客戶，如何自我定位，以設定較高的收費。

17　銷售你的腦力

Savvy.is 是個線上教學市場，著重在音樂、企業、培訓，以及課業輔導。歌唱老師羅森（Molly Rosen）已經將她在 Savvy 上

的副業變成一份全職事業，她教授聲樂課程、音樂理論和聽音訓練，線上教學或現場教學（當學生位於當地時）都有。

羅森說這個平台讓她可以教導全美國甚至國外的民眾，學生年齡從學齡前到銀髮族都有。她的成功祕訣是什麼呢？「我努力讓每一位跟著我學的人，都能愛上唱歌！」她解釋。

羅森一堂五十分鐘的課程收費 55 美元，自從她在 2015 年加入這個平台以來，已經教授了數百堂課程。

在 Wyzant.com（發音聽起來像是「wise ant」，聰明的螞蟻），課業家教可以自由設定他們的課表和收費標準，而且他們的收費似乎還真的很誘人。例如，我搜尋了附近的數學家教，Wyzant 的搜尋結果顯示，數學家教的收費約一小時 40 至 60 美元。

這個網站是很受歡迎的線上與現場教學家教平台，提供各個年級的學生三百多種不同科目的課業幫助。

馬拉尼（Mike Marani）是波士頓地區的一位副校長，他說他透過這個網站聯繫當地的家教客戶，每週上課幾小時，一個月可以賺到 360 美元。「我教代數和 SAT 數學考試準備，」他解釋，「就我的個人條件來說，我認為地理因素幫了我大忙。我提供的是到府家教服務，所以我的競爭對手只有那些住在我開車距離以內，並且跟我一樣教授這些特定科目的人。」

馬拉尼補充，「因為我會進到人家家裡，所以我必須讓自己的照片看起來專業又和善。」

2012 年，卡德（Dan Khadem）在 Wyzant 創建了他的個人

簡介。「我需要多賺些外快，所以把我的專長領域都放上去：Microsoft Excel、Outlook、PowerPoint 和 Access。」他解釋，「我的十堂課裡面，有九堂是關於 Microsoft Access 的資料庫軟體；我很快就招收到學生，因為能夠教 Access 的競爭者太少了。」

白天，卡德在丹佛地區的醫院擔任資料庫軟體開發員，此外，他說他一個月會做四至六小時的家教，一小時收費 45 至 55 美元。他呼應馬拉尼的發現，那就是，一開始的客戶幾乎都是本地人，而且第一堂課都是現場教學。但是在那之後，他發現有一半的學生可以接受線上教學，因為這顯然可以省下許多交通時間和費用。

有趣的是，卡德大部分的家教客戶並不真的是學生，他們是公司。有些僱主一直在想辦法找出資料庫的問題，這些僱主在網路尋求協助的時候，無意中發現卡德在 Wyzant 的個人簡介。在僱用他上了一堂「家教課」之後，立刻感受他的價值，許多客戶發現其他的資料庫難題也可以利用這種方式來協助解決。這已經為他的副業 MicrosoftAccessHelp.net 帶來一些獲利豐厚的資料庫諮詢工作。卡德說這項副業收入今年應該很容易就超過 1 萬美元，遠遠比他直接擔任家教賺到的還多。

至於如何提高在平台上的能見度，他的訣竅是主動詢問學生對你的評價。「每堂課結束之後，我都會寄課堂摘要給學生，」卡德解釋，「而在摘要結束的地方，我會加上這句，『如果你對這門感到滿意，請留下正面的評價，這會是對我最好的鼓

勵。』」這一行字，有助於大幅增加評價的次數，這讓潛在的學生可以放心地按下購買鍵，預約卡德的上課時間。

有關於 Wyzant 最大的抱怨，在於它獅子大開口的佣金制度。你擔任家教的頭二十個小時，這家公司就要抽掉你四成的工作收入，這明顯高於我在這本書中研究過的其他任何一個市場。隨著你工作時數的增加，佣金的比例會逐漸下降至最低的20%。

◎ 下一個階段

過去八年，迪巴托羅密歐（Mario DiBartolomeo）一直都在底特律地區擔任全職的數學家教。一開始，他到當地的家教中心每週兼差一個晚上，但很快的，他就自己出來自立門戶招收學生。

如今他經營了一個網站 MariosMathTutoring.com，甚至還寫了一本書《建立你的家教事業》（*Make Tutoring Your Career*），幫助別人進入這個領域。

對有心發展家教事業的人，迪巴托羅密歐給予下列幾個建議：

①透過臉書等管道，向親朋好友、同事廣為宣傳。
②跟當地的學校聯繫，想辦法排入他們的家教名單。
③建立一個便宜的網站，讓它可以出現在當地資料的搜尋結果。

④在當地著名的社區和咖啡廳發放傳單。

⑤快開學之前，在當地的報紙刊登一則小廣告。

「一旦所有的事情都上了軌道，」迪巴托羅密歐說，「學生跟家長都跟定了你，並且開始介紹客戶給你……這個時候，你就可以考慮調整你的收費。」

其他可以考慮的平台

Studypool——在這個家庭作業問答網站，家教可以隨自己的時間回答問題，賺取收入。Studypool 自稱是「教育界的Uber」，並且宣稱他們的頂尖家教一年可以賺到 7 萬 5 千美元，其他認真的家教，一星期兼差可以賺到 500 美元。

Chegg——Chegg.com 運作的線上家教平台頗受歡迎，那裡的頂尖家教一小時可以賺 20 多美元，一個月兼差可以賺到 1000美元。

Tutor.com——Tutor.com 是最大的線上家教市場之一，有上百萬堂課程透過這個系統運作。家教依照他們被核可教授的科目，賺取統一的鐘點費。

TakeLessons——依照你自己的時間，在 TakeLessons.com 教

授你最喜愛的科目（線上或現場都可以），一小時可以賺 20 至 65 美元。

UniTuition——UniTuition.com 是英國的 P2P 大學家教平台。

Classgap——Classgap.com 是一個全線上家教平台，涵蓋範圍超過九十多國。

Homework Market——學生可以在 HomeworkMarket.com 張貼問題，你可以回答你專業領域的問題。答案開放預覽，但是學生必須付費才能看到你全部的回覆。根據這個網站的說法，最賺錢的家教已經在這個平台賺進超過 10 萬美元。

University Tutor——UniversityTutor.com 是一個專攻至現場親自輔導課業的家教市場，你可以將收費訂在每小時 10 至 250 美元之間。

Course Hero——上傳你的課堂筆記，幫助數百萬名學生更聰明學習。每當你的內容吸引到一名新的學生註冊 CourseHero.com，你就可以獲取酬勞，你也可以在這個平台上回答學生的問題，一樣可以賺取費用。

Nexus Notes——如果你有大學的上課筆記，「在你的硬碟裡

已經放到快發霉了」，你可以把它上傳到 NexusNotes.com，說不定有機會可以賺一筆，只要有在學的學生購買它們的話。這個網站把筆記定價在 35 美元，並且會支付 50% 給你這位筆記貢獻者。

18 銷售你的聲音

我想大家都同意，有人付錢請你說話，實在是件很棒的差事。我的意思是說，這件事幾乎每個人都能做，不是嗎？

我坐下來和專業配音員奧爾森（Carrie Olsen）聊天，她在四個月之內就把配音員這個副業變成全職工作。她跟我保證，這個工作絕對比開口說話要複雜得多，並且特別強調演技對這項專業的重要性。

你要先提交試聽的作品，學習相關的產業知識，還必須不斷地花時間練習。但是，且慢，我也是每天都在練習說話啊，所以，我很好奇她是如何找到她的第一批客戶。

做為播客主持人，奧爾森已經有現成的必要設備製作高品質的聲音試聽帶。這也讓她在面對麥克風說話的時候，比較自在和有自信，這是很多新賣家可能沒有的優勢。

但是，之前從來沒有人付錢請她做過這樣的工作。為了開創她的事業，她決定加入 Voices.com，這個網站是配音人才第一

大購買鍵市場。男女配音演員都可以免費或以超值優惠價（一個月 50 美元，或一年 400 美元）加入，並且可以建立個人簡介和試聽作品，公開徵求接案。

你不需任何正式的認證資格，只要把你的麥克風和聲音準備好就可以開張營業了。每個月繳交的會費會嚇跑一些人，但是就像我們看到的其他平台一樣，競爭者依然眾多。

奧爾森的建議是，有覺得適合你的工作就盡可能去試錄，而且不要因為前一、二十次的嘗試沒有拿到合約，就打退堂鼓。堅持到最後，總會擊中目標。

至於試錄，客戶通常會提供一個或部分的腳本。然後你錄下旁白，再把檔案傳給客戶。他們會聽取所有的試錄作品，然後聯絡他們挑中的合作對象。

奧爾森獲得的第一份零工，是為丹麥的一家公司錄製一小段影片的旁白，這段影片是要送去參加影展用的。這份工作進行得很順利，也象徵著她新事業的起點。

🔍 如何訂定旁白配音的價碼？

在旁白配音市場，通常是用編列預算或提供某個範圍內的價格來給付工作費用。你可以在價格範圍內競標，或是設定你認為合理的價碼。旁白配音的工作包羅萬象，從快讀二十秒的台詞，到朗讀一整本有聲書都有。

價碼的高低落差同樣很大。為一部數百萬美元的賣座電影預

告做旁白，酬勞異常地優厚。但在光譜的另一端，你也可以在 Fiverr 預訂某人為你工作，就像我曾經請人為我的播客節目《副業一族》錄製節目介紹一樣。

就像大部分的自由工作，如果你是個好手，你可以找到酬勞較高的工作，大家也會呼好逗相報，把你推薦給更多人。就像當奧爾森開始做更多的試錄，贏得的工作也愈多。

她的第三個工作是幫 REI 配音，這是一家戶外服裝和配備連鎖店。一年多以來，她幫 REI 做的配音出現在電台、電影、Spotify 的廣告，以及更多其他的地方。這是一個轉捩點，她從此確信，配音工作可以取代她白天的正職。

至於最好的工作酬勞有多高，奧爾森最好的案子是工作不到一個小時，可以賺進 3000 美元。雖然這不是常有的價碼，但是它顯示當你已建立起自己的知名度時，這個行業的確有賺頭。

創業的成本有哪些？

奧爾森已經有現成的播客錄音設備，但買一套高品質配備的創業成本並不高。

奧爾森推薦 AKG Perception 120 XLR 電容式麥克風，價格大約 95 美元，以及 PreSonus AudioBox，價格大約 100 美元。她指出，任何可以直接插入 USB 插槽的麥克風，品質可能都不夠高。最好透過 XLR 混音器，再插到 USB，以增加聲音的質感。

奧爾森表示，她還花錢去上史戴爾（Alyson Steel）的配音訓

練課程，史戴爾是這行業的老手。她發現這些課程非常有價值，涵蓋了這個行業的許多知識和專門術語，及試錄腳本的訣竅。

下一個階段：主動開拓市場

在利用 Voices.com 平台，以及以下介紹的一些市場贏得第一批工作機會之後，奧爾森現在致力於建立個人品牌。她為自己的事業架設一個專屬的網站 CarrieOlsenVO.com，這個網站陳列了她的一些作品案例，並邀請各廠商品牌主動與她接洽工作事宜。

與其枯坐等待偶然出現的試錄機會，她現在瞄準想要合作的品牌，主動聯繫他們。她特別把重心放在數位學習市場，因為這裡有大量的企業培訓和新人訓練的影片需要旁白配音。這個策略打開了她和迪士尼、維吉尼亞大學，以及 AT&T 合作的大門。

現在，奧爾森每週大約投入二十小時在她的配音事業，她很喜歡這種可以發揮創意又能賺錢，而且還可以待在家裡做的工作。

其他可以考慮的平台

Voice123 | TheVoiceRealm.com | Bodalgo.com | VoiceBunny——這是一些其他受歡迎的配音人才市場。

ACX.com——The Audiobook Creation Exchange 是亞馬遜所擁有的一個有趣平台，它將作者和專業的旁白連繫在一起，幫作者的書籍製作有聲書版本，就像這個平台的名字所暗示的一樣。

旁白的工作費用可以固定的價碼來計算，或是免費錄製旁白，用以交換未來一定比例的版稅。這個選項似乎很有吸引力，因為如果你可以累積一系列暢銷的叢書，基本上你只要做一次工，就可以持續賺取消極性所得，或是剩餘所得。

19 銷售你的智慧

Clarity.fm 是我最喜歡的諮商平台，它以分鐘計費，我至今已經透過這個網站賺進 3000 美元。你可以設定自己每小時的價碼，列出你的專業，在你的閒暇時間接聽諮詢電話。

想在 Clarity 賺錢，得一步一步來。我這麼說，是因為我的「客戶」跟我並沒有預存的關係，但這個平台讓我們聚在一起。

我會介紹這個平台如何運作，如何建立一個成功的個人專業簡介，如何贏得你的第一個評價，以及如何讓你賺到最多錢的祕訣。

什麼是 Clarity.fm ？

Clarity 是個一對一的專家諮商平台，諮商項目涵蓋各式各樣的企業議題。這個網站讓問答式的諮詢電話可以簡單快速地運作，它們每個月會接通一萬兩千通類似的電話。

你可以跟企業「名流」談話，像是矽谷企業家萊斯（Eric Ries），或是庫班（Mark Cuban）。庫班是達拉斯小牛隊的老闆，也是購物網站 Shark Tank 的投資者，他的電話諮詢價碼是一分鐘 166.67 美元，不過，他似乎還沒有接過任何一通電話！

Clarity 是一個很棒的購買鍵市場。民眾到那裡尋找特定問題的解答──甚或更好的是，他們願意花錢請人來幫忙。

以服務為基礎的企業或顧問，是另一種讓客戶找到你的方式──一種不需要 100% 靠自己推銷的方式。

它不是消極性所得，但也不會有太多開銷。你一旦排定通話的時間，可以從任何地方接聽電話。我曾經在馬德里的 Airbnb 公寓、西雅圖的 Starbucks 接過電話，也曾在安納罕的街上邊散步邊接電話。

我的電話平均一通十五到二十分鐘，可以賺取 35 到 40 美元。

Clarity.fm 如何運作？

Clarity 連結專家與需要諮商的人。一旦你建立好個人簡介，並且列出你的專長之後，來電者就有機會在 Clarity 搜尋的時候

找到你。

這家公司會提供一組會談電話號碼讓客戶撥打，並且會記錄會談的時間長度。你和來電者同時都在線的每一分鐘都會計費。每通完整的電話會談，公司會抽取 15% 的佣金。

如果你有網站或部落格，可以將它連結到你在 Clarity 個人簡介的側邊欄、關於你的網頁，或是你的電子郵件簽名。

設定你的 Clarity 檔案

首先你必須設定一個專家帳戶，這是免費的。

接下來，Clarity 會透過其他社群媒體的個人簡介，提供幾種方法來「驗證」你的帳戶，你至少要能連結到你的 LinkedIn 帳戶（這是必要的）。

雖然我不太確定，但是我認為這些驗證方式是 Clarity 搜尋演算法的「排名係數」。這也是確認你的自我描述真實無誤的一種方式——所以像我這樣的人，就無法假裝成庫班，索取一分鐘 167 美元的費用。

無論如何，它們讓你的簡介看起來更可靠，因為它們明顯地呈現在你的個人簡介頁面。

上傳一張專業的照片，或是跟你行業相關的照片，要能看到你的臉部。

如果你的野心夠大，甚至可以在你的個人簡介上加上一段影片。（我還沒有這樣做。）

在建置個人簡介的時候，你也會被要求設定每小時的諮商費用。Clarity 的諮商費用從一小時 60 美元起跳，但一般平均價碼在一小時 100 至 300 美元之間。

你一開始可以不收取費用，以建立你的基本案例，但是如果你設定的費用是 0 元，你將無法顯示在 Clarity 的搜尋結果。（關於建立案例的免費接聽服務，下面會有更多的討論。）

在你公開的簡介頁面，費用會以分鐘為單位顯示。這也許是一種心理戰術。每分鐘 1.67 美元，是不是要比每小時 100 美元更負擔得起呢？

有幾種定價策略可以考慮一下。

第一種是一開始先採取低價策略，這有助於建立一些正面回饋的案例。如果你把 Clarity 當作是為你更大的事業開發潛在客戶的平台，也可以考慮採取這種策略。

你可以把這種策略想成好市多（Costco）免費贈送樣品的做法。店家願意免費讓你嘗試一下，並期待你能買回整包產品。

訂定價格還有一點要考慮的是，如果你在其他地方有公開的價碼，那麼在 Clarity 上「自貶身價」就沒什麼道理了。畢竟，如果你是一位每小時要價 400 美元的律師，你不會想要讓客戶知道，他們在 Clarity 可以用每小時 100 美元的價碼僱用你。

還不知道該如何收費才好嗎？可以參考你專業領域的其他人是如何收費的（見下面內容），然後挑出一個中間價格。

當我在購物的時候，我傾向不去挑選那些最便宜或最貴的選項，而是選擇價位在中間的東西。Clarity 的來電者也許會有類似的行為模式。

你可以隨時更動收費標準。我一開始每小時收費 60 美元，隨著我累積更多的電話諮詢案例和回饋評價，我逐步調高了收費。

在賺進一些錢之後，你可以把賺到的錢提領出來，存進 PayPal，或是把你在 Clarity 的所得捐給你選擇的慈善團體。

你的專業領域

Clarity 的每位專家，最多可以擁有五個專業領域。理所當然的，填滿五個領域可以讓你有最高的機率被發現。

就像所有的市場，Clarity 也有它的搜尋引擎要素。記得要把你的專業名稱想成是你的主要關鍵字，就像你會為部落格或網站做搜尋引擎優化一樣。

你也可以添加照片來說明你的專業領域，並且寫上一些描述。我喜歡用好玩一點的照片，但是書寫的內容我則把它當作是線上的履歷來寫。

如果你有任何具體的產出或成果可以分享，那就再好不過了。請記住，在一頁的文字裡，人們的眼光會被數字所吸引。你可以把一些數字放進去，像是：

①你管理過的預算有多大？

②你曾經幫客戶達成多少業績？

③跟去年同期相比，成長率是多少？

④你的網站到訪人數是多少？

⑤你有多少年的諮商經驗？

即使簡短的一句行動召喚，像是「今天就安排十五分鐘來通電話吧！」也可能會很有效果。

因為大家還不認識你，所以需要知道為什麼可以相信你能夠幫助他們。

極大化你在 Clarity 上的收益

在每次的通話中，你都可以感受到是在跟哪個類型的客戶打交道。有些人會很樂意跟你隨意閒聊，然而其他人可能會深思熟慮地事先寫下希望你回答的問題。有些則令人驚訝的，愛聽自己大發議論，主宰整場對話。

當時鐘滴答作響的時候，我是一個非常好的聽眾！

內行人的一些訣竅

留住老客戶繼續找你談話，通常比尋找新客戶容易。電話中每多聊一分鐘，你的口袋就會多一些鈔票。要對客戶誠實、有

幫助，說話要簡潔有力（你要像個專家！），但是一定要記得跟客戶確認，還有沒有任何其他的問題你可以幫得上忙。

有時候一兩個細心（希望也是有洞察力）的探索性問題，可以挖掘出客戶需要協助的新議題，這可能是來電者還沒想過的。他們會非常感謝你提出這個問題——否則他們可能會禮貌性地婉拒了。

在簡短地自我介紹之後，我會先跟客戶公開地確認，我們之間的談話是以分鐘計費的：

「我知道我們是依照時間收費的，所以如果你準備好了，我們就直接切入主題吧。我想你是想找人幫忙解決 _____。」

這是一種微妙的方式，向客戶展示出你了解狀況，並且在乎客戶的時間與荷包。

在通話結尾時，我還會詢問的另一件事情是（特別是當我知道答案是什麼的時候）：「這有幫上忙嗎？」這是一個小小的行銷／心理戰術。你總是會得到「是的」答案，當對方回答得愈熱情，你就愈可以請求他們在 Clarity 留下正面的評價。

「這有幫上忙嗎？」

「是的，絕對有，太感謝你了！」

「太好了！在我們掛上電話之後，你會收到 Clarity 寄給你的一封電子郵件，請你為這通電話留下評價。如果你可以花一分

鐘的時間給我五顆星／最高等級的評價，我會感激不盡，謝謝你的大力幫忙。」

我還會邀請他們在電話結束之後，繼續跟我保持聯繫：

「如果你還有想到其他什麼事情，可以在 Clarity 平台上留言給我，或是寫電子郵件給我，千萬別客氣。我很樂意全力提供協助！」

最後我想提出的是，Clarity 是一個強大的網路平台。你會在上面了解到你過去可能完全沒機會接觸到的企業和產業。在電話會談之後的幾星期或幾個月之內，你要努力跟你的來電者維持互動關係。

你永遠不知道，你認識的人之中，有誰可以幫助來電者；你也永遠不知道，來電者認識的人之中，誰會用到你的協助。此外，這些已經在你身上花過錢的人，以我這本書裡面的例子來看，都會成為你很好的人脈。

其他可以考慮的平台

Coach.me——Coach.me 平台號稱擁有一百萬名用戶，你可以在上面建立線上輔導業務，輔導的領域包括領導力、健康、企業、習慣等等。與客戶採取一對一輔導，每小時可賺取 100 美

元或更多。

PrestoExperts——註冊後，依你選擇的收費標準，接聽一對一諮商電話或即時聊天。這個平台有六百多種不同的類別可選擇，有些專家擁有數千個評價。

Noomii——Noomii（可以想成「new me（新的我）」）是生活和企業輔導最大的網站。這個平台向教練收取 397 美元的年費，但是提供退費保證，如果你透過這個網站沒有賺到這麼多錢的話。

SoHelpful.me——SoHelpful 是一個有趣的平台，你可以在那裡提供免費協助，理論上，這些免費的諮商可以為你帶來一些潛在的客戶。

20 銷售你的寫作能力

對作家來說，亞馬遜的 Kindle 是全世界最大的 P2P 市場。你可以出版你的作品，並且打入廣大的讀者市場，特別是當你的書籍針對某個問題提供獨特的解決方案，或是你有辦法讓你的書高居排行榜時。

自助出版是我最喜愛的副業之一，而且亞馬遜是另一個放上你購買鍵的絕佳平台，因為在這裡只要製作一次產品，就可以持續賺取剩餘收益。

我還記得第一次收到亞馬遜 47.43 美元版稅時的那種興奮感，感覺到「我真的做到了！我成為專業作家了！」從那時候開始到現在，我已經賺進數千美元的作者版稅——生活方式雖然沒起太大的變化，這一點提醒你一下，但這卻是一種很棒的方式，可以同時在某個利基市場建立權威，還可以賺取消極性所得。

卡特萊特（Lise Cartwright）是一位對現實生活感到不滿的行政助理，而她透過寫作，找到了生活的意義。她現在是一位出書愈來愈頻繁的作家，主要是為了「時間永遠不夠用的企業家」，以及期待開發新事業的自由工作者而寫。

她很快地就建立了令人印象深刻的作品集，包括，《免上健身房》（*No Gym Needed*）、《副業藍圖》（*Side Hustle Blueprint*），以及《外包接案贏家》（*Outsourced Freelancing Success*）系列。當我們談話的時候，她的作家生涯才剛開始半年，她每個月卻已經賺進 3000 至 4000 美元的作者版稅。

從頭開始

雖然卡特萊特沒有正式的寫作經驗，但她一開始有在 oDesk 和 Elance（現在已合併，並改名為 Upwork.com，之前有介紹過）尋找過搜尋引擎優化的寫作工作。

在沒有任何真正的計畫之下，卡特萊特接了各種雜七雜八的工作，從建置一個迷你的 WordPress 網站，到自由撰稿的工作都有。她對所有可以掌握到的機會都來者不拒，如果這份工作需要學習新的東西，她就求助 Google 大神。

一開始，她在 oDesk 接到的工作酬勞都非常低（例如，一篇五百字的文章 5 美元），但是隨著她建立起自己的作品集，並且得到更多客戶的回饋，她便可以要求更高的收費。如何找到酬勞較高的工作，卡特萊特分享了有趣的一招，那就是先搜尋價格（例如 500 美元、1000 美元），再從中挑出工作類型（例如「寫作」）。

就只有這樣子而已嗎？

卡特萊特不過做了十個月的自由工作，主要是在 oDesk 接案，就達成她的目標，接案收入取代她現有薪水的一半，並且讓她可以辭去白天的工作，這的確展現了現有市場的威力。

她有幾位客戶的工作正在進行中，想到自己可以掌控賺錢的多寡，就讓她充滿動力。更多的工作，可以為她帶來更多收入。

但缺點是，她還是得靠「時間換取金錢」，她想要讓自己更上一層樓。

當卡特萊特第一次在 Kindle 上發現自助出版，這對她來說是一個全新的概念，她以前甚至沒有下載過電子書！她開始研究創作一本書籍背後的科學與藝術，以及如何在亞馬遜上銷售它，她很確信這就是她的事業自然而然要走的下一步。

畢竟，從事自由撰稿雖然很好，但是一旦文章寫好，拿到稿費後，事情就沒搞頭了。但是如果你寫了一本書，可以把它賣給成千上萬名客戶。

她告訴我，她變得「沉迷於寫作」。像心智地圖這樣的技巧，讓每件事情都變得更容易，並且幫助她將寫書這樣艱鉅的任務，變成一個個小小的、易於執行的行動。

心智地圖的製作方式，是在一張大紙上，用圖像的方式畫出你的書籍大綱。你從中間開始，畫出核心議題，然後網狀延伸出去，列出所有的子題。例如，以我這本書來說，我把購買鍵放在中間，連出去的線上則放上共享經濟平台、銷售個人技能的市場，以及銷售實體物品的市場。

然後，我再從這裡添加上第二層的內容。例如，我在共享經濟平台下面放上共乘平台，以及住房共享平台。在共乘平台下面，我則連上 Uber 和 Lyft。用這種方式，你甚至連一個字都還沒開始寫，就可以畫出整本書的視覺地圖。

卡特萊特將這種方法跟部落格短文的寫法做比較，過去她在做自由撰稿的時候很習慣部落格這種寫法，結果她發現，用這

種方法寫一本書，遠比從空白的第一頁第一個字從頭寫起，艱鉅程度減輕了許多。

第一次出書

卡特萊特的第一本書是有關於她個人一直在努力掙扎的事情：找出時間去運動。《免上健身房——快速簡單適合女性的健身運動》（*No Gym Needed*—— *Quick & Simple Workouts for Gals On The Go*），卡特萊特聚焦於在家運動的女性健身市場。

出書之前，她推出一個網頁，收集對這本書可能有興趣的人的電子郵件地址，並免費提供書籍給在出書之前註冊的人。透過在社群媒體放出這個計畫的消息，卡特萊特建立了一個大約三十個人的「出書團隊」。

當書準備就緒，她把書送給每一位曾經索書的人，並且拜託他們在亞馬遜上面留下誠實的評語，如果他們覺得這本書值得分享的話，也請他們廣為分享。

她每天都會在臉書社群上推廣這本書，也會在社群媒體上分享，並且提交給數十個免費的書籍促銷網站。（這些網站是專門為尋找優惠書籍的讀者而設的，它們會邀請作者提供作品，如果這些作者的書是免費的，或是正在打折。）

《免上健身房》這本書在出書三、四天之後，就躍上健康運動類書籍的排行榜第一名，最後則是在整個亞馬遜免費商店裡擠進第三十五名！

以下是卡特萊特出書價格的大致分類：

①免費 3 ½ 天，產生七千次下載。
②調價到 0.99 美元，並維持一個星期。
③漲價到 3.99 美元。當我們談話的時候，已經是在出書六個月之後了，它每天還可以賣出三十本，並且名列健身操類書籍排行第一名。

提醒注意：想要像卡特萊特一樣，在一段有限的時間之內，把你的書籍定價為免費，你必須加入 KDP Select，這樣一來，亞馬遜就能擁有這本書籍九十天的獨家經銷權。

在成功出書之後，卡特萊特領悟到「自助出版」這件事可以擴大規模來做。她開始思考建立系列叢書的事業——出版一系列書籍，讓她能有足夠的收入過理想的生活，並且從此不用再到處接案。

建立系列叢書

她的第二本書，寫的是一本男性版的《免上健身房》，她說這本書沒有第一本暢銷，但還是在穩定銷售中。

在一陣子馬不停蹄地寫書和出書之後，短短幾個月，她又出版了九本書，包括兩本《副業藍圖》系列，和七本《外包接案贏家》系列。

除此之外，她告訴我，她有三十多本書已經畫好部分的大綱。

 ## 保持動力

為了保持銷售佳績，以及讓她所有的書籍可以名列搜索排名的前端，卡特萊特為自己列出一張每月待辦事項清單。

這牽涉定期檢查所有的關鍵字和分類。她會做出必要的調整，輪流替換關鍵字，修訂書籍介紹，以符合最佳搜尋結果。因為亞馬遜是買家的搜尋引擎，她深信這些小小的動作可以小兵立大功。

（在亞馬遜的作者操作介面，你可以放上七個相關的關鍵字，以增加在亞馬遜搜尋結果的曝光度。）

她也持續透過部落格、推特、臉書，為她的書籍創造業績，並且定期舉辦促銷活動和特價優惠。她表示在促銷活動期間，她所有的叢書都會有一波銷售高潮，不單單只是正在促銷的那本書。

卡特萊特指出，亞馬遜會不遺餘力地為作家廣為宣傳，它們會寄出附上建議書單的促銷電子郵件給客戶。如果你在某類書籍表現傑出，而某位亞馬遜買家有購買這類書籍的紀錄，你就有可能在亞馬遜的促銷郵件中被挑選出來。畢竟，你每賣出一本書，這家公司都可以分一杯羹。（售價 2.99 至 9.99 美元的書籍，亞馬遜會抽取 30% 的佣金，作者則可以獲得 70% 的版稅。）

平裝本

卡特萊特建議可以透過 CreateSpace.com 來銷售你隨選列印的平裝書，把它當作額外的發行管道。因為 CreateSpace 為亞馬遜所擁有，你的平裝書目錄會出現在你 Kindle 版書籍的旁邊。當有人下了訂單，亞馬遜就會幫你印刷並運送書籍，所以你不用擔心庫存持有與存放的問題。

我認為有一本實體書，會讓你的書目看起來更為「正式」，而且依然有許多讀者喜歡手裡握著一本實實在在的紙本書。卡特萊特告訴我，在沒有任何促銷的情況下，她在 CreateSpace 一個月大約可以賺 500 美元。

其他可以考慮的平台

Smashwords——我利用 Smashwords 將我的一些書籍整合到下列的一些市場，不過讀者也可以直接透過這個網站買書。如果你沒有在 KDP Select 註冊，這是一個比較簡單的方法，讓你的作品可以接觸到更多讀者，雖然依我的經驗來看，它的銷售量比亞馬遜明顯低許多。

iBooks——雖然亞馬遜掌控至少三分之二的電子書市場，但還是有其他的玩家，包括蘋果的 iBooks。我發現直接把書提交到 iBooks，要符合它的格式要求難度很高，所以我最後使用

Smashwords 的免費整合服務取而代之。

Kobo──Kobo eReader 和 Kobo 的應用程式,有相當不錯的用戶群,所以在這裡出版你的書籍也值得一試。

Nook──巴諾書店(Barnes and Noble)也許會關閉它的許多實體書店,但是這家公司有許多擁護它網路書店和 Nook eReader 平台的忠誠客戶群。

Google Play──就像蘋果有 iBooks,Google 的應用程式商店也有一個書籍部門,你有機會在那裡接觸到數百萬名 Android 系統的用戶。

NoiseTrade──NoiseTrade 是一個獨特的網站,你可以把你的書上傳到那裡,免費贈送給讀者,以換取他們的郵件地址。我曾在 NoiseTrade 執行過一個付費的行銷方案,短短幾天之內,我的訂戶人數就增加了好幾百人。

下一個階段:用你的書做為名片

許多作者把他們的書主要當作是建立權威的重要工具。曾經有人說過,一本書就是全世界上最好的名片,特別是如果你想要成為你領域中的領袖。

例如，薩姆那（Sean Sumner）是加州沙加緬度的一名物理治療師，他寫了兩本關於坐骨神經和頸部疼痛的暢銷書，現在他則受邀到研討會演講，並且訓練學生、其他的治療師和醫生。無庸置疑的，他將成為這個主題未來的大師級人物；畢竟，他曾經寫了兩本關於這個主題的書。

其他的人，則把書籍視為窺探他們世界的一個低成本入口。例如，你可以花 10 美元買羅賓斯（Tony Robbins）的書，或是花 1 萬美元參加他數日的研討會。你可以花 10 美元買下沃克（Jeff Walker）的《Launch》這本書，這本書除了提供大量寶貴的內容之外，它還會向你介紹沃克價值 2000 美元，有關產品上市公式的課程。

我也許需要在此說明一下，雖然我沒有價值 2000 美元的產品可以「追加銷售」給你，但是我希望這本書可以讓我在「經營副業」這個領域被視為更具權威的專家，並且引介更多讀者來閱讀我的 SideHustleNation.com。

自由寫作網站

BoostMedia——如果你擅長撰寫簡短、感人的廣告文案，你可以到 BoostMedia.com 這個文案眾包平台來賺錢謀生。

Copywriter Today——這是一個以訂戶為主的內容創作網站，經常在尋找出色的兼職作家，以美國的作者為主。

ClearVoice——ClearVoice.com 是一個將知名網路作家和有高品質內容需求的品牌、部落格主連繫起來的平台。你可以自訂價碼，並且找到符合你的專門領域，而且感興趣的寫作機會。

Scripted——Scripted.com 是一個高階的內容市場，作者可以自訂價碼，它的特色是設定了一個全系統的價格下限，以確保作者可以賺取合理的酬勞。

Contena——Contena.co 匯集了所有付費寫作的機會，費用從一字 0.04 美元到全職工作都有。

Copify | HireWriters | TextBroker | TheContentAuthority | iWriter | Zerys——這只是其中幾個提供內容寫作服務的平台，目標在連結作家和有內容需求的人。它們通常被嘲弄是「內容工廠」，這些網站不會提供太優渥的酬勞，但是你可以在這個系統裡一步一步往上爬，逐漸調高你每個字的稿酬，並且賺到還不錯的收入，如果你是個寫作快手的話，那就更好了。

銷售你的技能：總結

隨著經濟轉向愈來愈多的虛擬工作，透過網路、隨選市場來銷售你的技能，將會變得愈來愈普遍。在這一章，我們審視了將近一百個平台，以幫助你憑藉自己獨特的才華、優勢和技能

來賺錢。

從事自己喜歡且擅長的工作，是過快樂生活的關鍵要素，而這些市場讓你恰好可以做到這點，通常還可以讓你待在舒服的家裡工作。

我們甚至也檢視了一些市場，在那裡，你可以把你的專長組合起來變成數位產品，不斷地重複銷售，像是 Udemy 或是亞馬遜的 Kindle 平台。然而，關於銷售個人技能，我最常聽到的抱怨就是，這是一種用時間交換金錢的苦工。

如果把閒暇時間花在為自由接案的客戶做苦工，無法引起你的興趣，那麼我會建議你把焦點放在更具時間槓桿效益的平台。你可能得先投資一段更長的時間，期間沒有任何收入，但到最後，你所銷售的東西都不再需要你的直接投入。請你好好思考一下，如何將你的技能從一對一的買賣，轉換成一對多的買賣，就像艾比納和卡特萊特所做的一樣。

在下一章，我將會擴大談論時間槓桿效益的概念，重點會放在銷售實體產品的平台。這些平台不用找尋自由接案的工作，或共享你所擁有的資產。在某些情況下，一旦你建置好貨源，或找好供應商，就可以高枕無憂了。

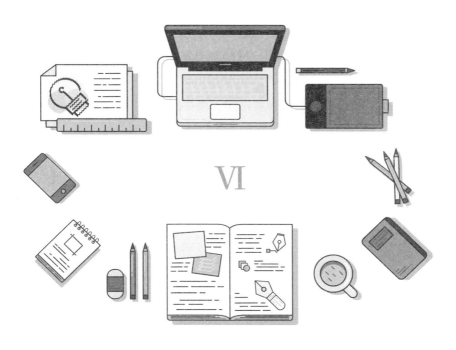

銷售實體產品的市場

「再一次，我們又來到了節日的季節，而每個人都會以各自的方式觀察他所選擇的購物中心，這是一個充滿宗教虔誠氣氛的時刻。」

——貝瑞（Dave Barry），幽默作家

到目前為止，我們已經討論過共享你所擁有的資產，銷售你所提供的服務、你具備的技能，以及你創造的數位產品。接下來我想討論的市場類型，是那些可以幫助你銷售實體產品的市場。

我要討論的實體產品市場，有三種主要的「風味」：

①隨選市場
②自製和手工市場
③轉售市場

在隨選市場裡，你通常會上傳檔案或設計圖，公司只有在接到某人的訂單時，才會製造實體的產品。這可以降低開銷，讓你以很低的風險測試各種產品構想。然而，因為產品通常是單批小量製造，而非大批的訂單，利潤會比較低。

自製和手工市場的運作方式類似，當訂單進來的時候，產品的生產運銷全由你自己一手包辦。自製和手工市場充分利用「自造者運動」這股潮流，這個運動結合了重新支持小商家，以及振興小型製造業的理念。你對自己的產品、價格和製作方式有彈性運作的空間，但是你得盯緊自己投入的時間，以確保自己不會辛辛苦苦工作了一小時只賺到 3 美元。

最後是轉售市場，你可以在那裡放上你的購買鍵，用來銷售二手商品，或是你以折扣價買到的新品，甚至是你曾經製造過的產品，現在以你的品牌和標籤來販賣。這些市場包括家喻戶

曉的亞馬遜和 eBay，它們讓你可以迅速接觸到大量的買家。缺點是，他們通常需要投入一些前期的資本來進貨，不過我也看過有人從他們負擔得起的東西開始銷售，然後把獲利再持續投資下去。

1　隨選市場

帕雷爾拉（Kat Parrella）在紐約一家大型資訊科技公司擔任全職工作，不過她一向都有充滿創意的一面。「我有藝術的背景，」她解釋，「我會塗塗畫畫，偶爾還會應人請託設計商標和名片。」

但是這些一次性的工作寥寥可數，而且不太具有藝術性。實在很難想像，她可以靠設計賺到足夠的錢，讓她擺脫上班族的束縛。

當帕雷爾拉在 2010 年偶然發現 Zazzle 這個網站，她立刻看到它的無窮潛力。這家公司提供隨選列印的市場，將藝術家、設計師和尋找獨特產品的客戶連結在一起。今天，你可以在這裡找到任何東西，從海報、印刷品、嬰兒毛毯、擦嘴巾，到浴簾、小狗項圈都有。

帕雷爾拉一開始是為 Zazzle 設計信封。「我是家庭派對的設

計大師，」她說，「所以設計婚禮邀請函、告別單身派對邀請函、嬰兒彌月卡片，這些工作再適合我不過了。」

Zazzle.com 的藝術家可以自訂版稅。帕雷爾拉告訴我，她每樣產品收 10% 的版稅，而對這個網站的賣家來說，版稅最理想的價碼通常落在 5% 至 15% 之間。這意思是說，一張 2 美元的婚禮邀請函，她可以賺到 0.2 美元。但是如果有一百位客人，算起來就可以賺到 20 美元。也許最令人興奮的是，邀請函是一項資產，帕雷爾拉可以一賣再賣。「我並不是只賣給一位新娘。」她解釋。

帕雷爾拉指出 Zazzle 的兩大優勢在於能見度和物流管理。「如果你在 Google 搜尋『告別單身派對邀請函』，Zazzle 會出現在第一頁，」帕雷爾拉說，「要不是透過 Zazzle，客戶絕對找不到我。」

在物流管理方面，公司會處理訂單、印刷、運送和客服的所有事項。「我試著每星期創造一款設計；你必須讓自己保持在活躍狀態，」她說，並且補充，如果不是 Zazzle 幫她打點好客戶服務和完成訂單交貨等大大小小的事情，她不會有時間從事創作。

帕雷爾拉現在全心經營她的設計事業，Zazzle 大約占了她營收的 60% 至 65%。「如果不是 Zazzle，我沒有辦法像現在這樣工作。」她表示，不過她補充，她也是花了很長一段時間，才慢慢走到這一步。她告訴我，在頭幾年，增加新產品的過程非常緩慢，在白天的工作下班之後，她每天都還要做設計到三更

半夜。

然而，這依然是一條有創意的出路，也是她很喜歡做的事情。「對我來說，這並不是一份工作，」她說，她在 Zazzle 的前半年，一個月只賺幾百美元。「這跟我投入的時間不成正比，」她解釋，「但我把它看成是花錢陪我的孩子去做些好玩的事情，而且我知道它會成長。今天 Zazzle 已經可以幫我支付孩子的大學學費了。」

我請帕雷爾拉提供一些建議給這個平台的新賣家，她說，首先要能創造出獨特、別緻，或是能引起某些共鳴的設計。她還強調，Zazzle 本身是一個小型的搜尋引擎，你的產品頁面一定要填上恰當的文字描述和標籤，這點真的非常重要。

你可以造訪 zazzle.com/kat_parrella 和 merrilypaper.com，欣賞帕雷爾拉的一些美麗作品。

其他可以考慮的平台

Cafepress——Cafepress.com 是早期的隨選列印商店之一，可以把你的設計交給它，印在 T 恤、馬克杯、帽子、枕頭、內衣，以及其他東西上面。設計師可賺取銷售商品的版稅。

Spreadshirt——Spreadshirt 是一個廣受歡迎的平台，它銷售隨選列印 T 恤（以及其他商品）。它運作的方式是，上傳你的設計，並且創建自己的店面。當有人購買你設計的產品，你就可

以賺取版稅。你完全不用管庫存或送貨的問題，這家公司會幫你搞定一切。

去年，我的確試著上傳一些有關於「副業」相關的設計到 Spreadshirt，但一件也沒賣出去。我發現它的介面非常難用，而且讓人困惑。不過，也許我應該給 Cafepress 或是 Zazzle 一個機會。（事實上，盡量整合銷售管道是必要的，因為最困難的部分在於設計。）

我認為這有潛力成為絕佳的消極性所得來源，特別是如果你的設計可以自動出現在 Google 的搜尋排名上面時。

Society6──Society6.com 是一個很受歡迎的市場，在那裡，你可以用負擔得起的價格，買到獨立藝術家的作品。你可以設定你藝術作品的印製價格，這些印上你作品的 T 恤、手機殼、馬克杯、浴簾，以及其他更多的物品，每賣出一件，你就可以賺取 2 到 10 美元。

Minted──Minted.com 專賣店提供獨立藝術家和攝影師設計的婚禮邀請函、文具、居家飾品等商品。你可以賺取一次性的競賽獎金，以及持續販售你作品的佣金。

Redbubble──有超過三十五萬名的獨立藝術家在 Redbubble.com 銷售他們的創意作品，你也可以加入這個網絡。作品價格百分之百由你自己決定，大部分的藝術家可以賺到零售價格

10% 至 30% 的利潤。

Teespring——透過 Teespring.com，你可以設計自己獨一無二的 T 恤，並且推銷給有興趣的群眾，賺取價格和製作成本的價差。Teespring 有趣的地方在於，除非你的行銷活動能爭取到最低限度的訂單數量（這個數量由你自己設定），否則沒有東西會被印製出來，也沒有人需要付費。

TeeChip——Teechip.com 跟 Teespring 的運作方式類似，但製作成本稍微低一些。

Viralstyle——Viralstyle.com 跟 Teespring 的運作方式也很類似，在那裡，你可以創造或上傳客製化的 T 恤設計，價格自訂，每賣出一件你就可以賺取費用。它還可以讓你開設自己的 Viralstyle 店面，你可以在其中組合類似的主題設計。

Threadless——創立自己的店面，並且將你的 T 恤設計交給 Threadless.com，這是一個獨立藝術家和粉絲群組成的有趣社群。就像其他的隨選列印網站一樣，你賺取購買價格和製作成本的價差，通常一件 T 恤大約賺 10 美元。

Threadless 宣稱它在 2015 年就支付了 150 萬美元給合作的藝術家！

自製和手工市場

Etsy.com 是最大的手工藝品 P2P 市場，擁有兩千五百萬名買家和一百六十萬名賣家。你可以在這裡找到居家、辦公室、小孩、衣櫃等等相關的貼心物品。你甚至可以在這裡銷售數位商品，像是行事曆和日曆的版型。

拉曼拉托（Kara Lamerato）原本是一位私人銀行家，在結婚之後，她想要做副業多賺點錢，便加入了 Etsy。因為她的客人曾經讚美過她的婚禮擺飾，而她以前也在 Etsy 買過東西，所以她決定設立一家店面，銷售以酒類為主題的婚禮座位牌。

拉曼拉托現在是兩個孩子的母親，並且在家工作，她已經透過 Etsy 獲得兩萬五千份訂單。

Etsy 入門

「我的科技背景和技術能力很有限，」她解釋，「Etsy 讓開店變得很容易。」

她的第一筆生意大約在開店兩星期之後出現，客人買走了一套酒瓶軟木塞製成的座位卡座，售價 70 美元。「這掀起了一波搶購潮！」她興奮地說，接著有更多訂單快速湧入，「我很快就沉溺其中，無法自拔。」

原來，婚禮是一個肥沃的市場，因為大家通常會根據賓客的

人數來採購用品。一樣東西也許只賣 2、3 美元，但是乘以一百位客人之後，一下子就變成一張可觀的訂單。

拉曼拉托指出，Etsy 本身就像是一個迷你的搜尋引擎，很受準新娘的歡迎，而這群人正是她渴望接觸到的族群。為了讓她的 Etsy 店面更容易被搜尋到，她很重視關鍵字的標籤設定和產品的命名，描述的字眼包括「酒莊婚禮」、「葡萄園婚禮」、「婚禮座位卡座」、「酒瓶軟木塞婚禮飾品」等等。

另一個讓她的陳列品脫穎而出的原因，在於漂亮的攝影。因為她本來就有拍照的嗜好，所以相機跟編輯軟體都是現成的，而在一個像 Etsy 這樣視覺導向的市場裡，你一定得放上一些令人讚嘆不已的照片。

每添加一項產品，就要支付 0.2 美元的上架費，當產品銷售出去，Etsy 會收取大約 6% 的佣金，做為處理交易和信用卡支付流程的費用。相對於公司所提供的基礎建設、行銷活動、付費流程和相關協助，拉曼拉托認為這真的是一筆很小的支出。

Etsy 的另一個優勢是，庫存壓力的風險很低。「賣一件，我做一件。」拉曼拉托說。

店面的成長

今天，拉曼拉托有超過一百種產品在 Etsy 上架，每一種產品都讓她有新的機會讓買家發現她，並出現在搜尋引擎的結果。

除了座位卡座，她將生產線擴大到結婚伴手禮、酒瓶塞、酒

杯飾卡，甚至聖誕飾品。許多衍生產品和新產品，實際上都是來自於客戶的建議或要求。「其中有些非常受歡迎，到今天還持續在銷售的產品，其實就是源自於客戶的要求。」她說。

🔍 產品製造

「我的每樣產品，幾乎都是客製的。」拉曼拉托告訴我。這些產品完全手工打造，過程非常地費工，沒有一樣東西是大量製造的。一方面，這樣的匠心獨運，幫助拉曼拉托獲得事業上和其他方面的成功，但在另一方面，每一張訂單都得靠真正的體力勞動來完成。

我問她，這樣的工作特質，會不會磨損了她的熱情。而她毫不猶豫地回答我：「我從來都不曾感到厭倦！」她表示。

她說她主要的工作時段是在下午，那時她的先生從學校教書回到家，可以照顧孩子，不過有時候她也會做到深夜。「能做多少算多少，」她說，她還補充，這個工作對她來說仍然非常好玩。「我覺得非常幸運可以經營自己的事業，創造收入來源，還能做自己的老闆。」

對於 Etsy 平台的新賣家，拉曼拉托建議他們要善用公司的資源，例如部落格和協助中心。「Etsy 的成功取決於你的成功，」她解釋。「Etsy 會盡其所能把事情變簡單，幫助你獲得成功。」

雖然 Etsy 仍然占有她銷售額的 75%，但對拉曼拉托來說，這已經成為一個穩固的銷售管道。所以她現在把目光轉向平台之外，尋找更多的曝光機會。「智慧行銷、智慧交易，我在 Etsy 的事業，現在幾乎已經處於自動駕駛的狀態，」她說，「我現在把所有行銷活動的力氣，全部放在我自己的店面 KarasVineyardWedding.com。」

在 Etsy 之外建立自己的網路曝光有幾個好處，包括免除銷售佣金，並且讓收入來源更多元。

拉曼拉托還提到，她想要製作一本電子書，幫助新娘計畫婚禮，還希望最後可以建立一個真正舉辦婚禮的場地。這兩者都是比較有時間槓桿效益的事情，而且不須每次一接到訂單，就得從頭製作與運送產品。

我問她是否會考慮找人幫忙製作產品，她說她實在不想傷腦筋去管理員工。當她的產量達到極限的時候，她會考慮調高一點售價，或是繼續找尋增加「消極性所得」的管道。

她在 Etsy 之外的一個行動方案，是設立婚禮規畫播客（The Wedding Planning Podcast），這是一個每週播出兩次的語音部落格節目，是她專門為準新娘主持的。這個播客節目是拉曼拉托為了建立並拓展自己的平台，以及她在 Etsy 之外的品牌知名度。基本上這個節目是由她自己「贊助」的，她也將這一年來業績的突飛猛進，部分歸功於這個播客節目。

「我對如何舉辦婚禮瞭若指掌。」她說，並且補充，一個容易親近的語音部落格，是接觸到新娘的獨特管道，而且不需要同樣主題的部落格所需具備的視覺條件。

如果你有藝術或手工藝方面的天賦，也許你可以像拉曼拉托一樣，善加開發 Etsy 這個擁有廣大買家的市場。

其他可以考慮的平台

Storenvy——你可以在這個興起中的獨立藝術家 P2P 平台，銷售你獨特的服裝設計、珠寶、手工藝品等等。

在 Storenvy.com 開設自己的店面是免費的，你可以把你的產品上傳到那裡，設定你的價格，讓買家在這個平台上找到你。不論你賣出什麼東西，Storenvy 都會抽取 10% 的佣金。

Zibbet——Zibbet.com 強調自己的特色在於擁有超過五萬名的獨立創作者，產品類別包括居家生活、珠寶、手工藝品、嬰幼兒用品。每個月花 4 美元，就可以創立自己的店面，那裡甚至有工具可以讓你將 Etsy 的陳列品整合在一起。

ArtFire——Artfire.com 是一個銷售手工藝品、生活用品、復古商品和藝術品的市場。

Folksy——Folksy.com 以英國地區為中心，你可以在這個市

場上銷售「現代英國風手工藝品」。

iCraft——iCraftGifts.com 是另一個可以銷售你手工製品的通路，是個「無國界」的市場。

3 轉售市場

轉售賣家的商業模式，跟商業的歷史一樣古老：低價買進，高價賣出。地球上的每一家商店——不論是實體商店或網路商店——都是這樣做生意的。你也可以運用這種模式，在一些知名的市場上做生意。

❶ eBay

eBay 是 P2P 市場的開山始祖，如果我跳過它不談，這本書顯然會缺少了一大塊。這個老牌的拍賣網站成立於 1995 年，至今仍是美國最受歡迎的前十大網站之一，每年可以促成 800 億美元的商品交易。

我在 eBay 上的經驗，僅限於出售家裡用不到的多餘物品，但是有成千上萬的民眾，則是利用這個平台做為他們的銷售引擎。費茲帕崔克（Darrel Fitzpatrick）就是其中一位，他的正職

是在喬治亞州亞特蘭大擔任業務代表。當我們訪談的時候，他感到很興奮，因為他過去十二個月的銷售金額剛達到 10 萬美元的目標。

 eBay 入門

費茲帕崔克一開始使用 eBay 的方式，跟大部分的人一樣，把家裡一些純粹在積灰塵的老古董拿出來賣。但是在把家裡可以捨棄掉的東西幾乎全部賣光之後，他領悟到，要真正獲利，需要持續銷售大量的物品，而不是賣這些稀奇古怪的收藏品。

尋找貨源轉售獲利

在轉換工作的空檔期間， 他開始搜尋研究 Craigslist 網站上的廣告，每天高達八、九個小時，尋找可以轉售獲利的便宜貨。他告訴我，在那段期間，他有時候一天會打上三百通電話。

這不但讓費茲帕崔克找到可以轉售的大量貨源，也讓他在亞特蘭大地區建立廣大的人脈網絡。他說他一開始不挑剔貨品，什麼都好，但是他很快就發現，二手電子商品，像是手機、筆電，兩者的獲利和貨源供應都很穩定。

不久之後，費茲帕崔克就與電器行和批發商聯繫，他們提供他競標大量電子商品的機會，並享受商店的優惠折扣。

我訪談的另一位 eBay 轉售市場賣家，也是利用類似的策略來

尋找貨源。史蒂芬森（Rob Stephenson）稱呼自己是「跳蚤市場翻轉高手」，雖然這也許不是最值得炫耀的副業，但是他去年一年就靠這個賺進 3 萬美元，一星期投入在上面的時間不過十到十五個小時，他在 FleaMarketFlipper.com 撰寫了有關於他的冒險。

史蒂芬森白天是一位房地產檢查員，但是你可以在佛羅里達州奧蘭多市每週舉行一次的跳蚤市場裡找到他，他正在搜尋下一個可以「翻轉」獲利的獵物。

為了尋找他的貨源，除了當地週末的跳蚤市場，史蒂芬森還有幾個他最愛的地點，像是 Craigslist、OfferUp 和 LetGo 這樣的分類廣告網站和應用程式。他也是當地二手貨商店的常客，這裡能提供他穩定的轉賣貨源。

雖然 Craigslist 因為大受歡迎而競爭激烈，但是如果你的手腳夠快，還是可以搶到一些好貨色，史蒂芬森說。

所以，他到底都在找些什麼東西呢？

「我專挑一些奇特的物品，」他說，「我專找一些稀奇古怪的東西。」

史蒂芬森曾經有一次花了 30 美元買一條假腿，第二天就在 eBay 上以 1000 美元賣出。

一個人的垃圾，是另一個人的寶物，是吧？

史蒂芬森說他大部分的貨源都是在距離家十英哩之內的距離買來的，但是他偶爾也會開兩小時車程，去購買他在網路上找到的某樣東西，因為它有利可圖。

他建議賣家可以在 Google 上搜尋自己當地常態性或季節性的市場，以及網路上新的市場。

在 OfferUp，他發現了一台高端的運動單車，用在物理治療診間。

他發現像這類型的單車，全新的一台價格通常在 6000 至 7000 美元，而他出價 200 美元買這台單車，只比賣家的出價稍微低了一點點。結果賣家同意了，史蒂芬森接著立刻以 2800 美元轉手賣出。

像這樣的貨色是很罕見的，但是如果你不斷地尋找有潛力的交易，它的前景是充滿無限可能的。史蒂芬森解釋，「愈獨特、愈不尋常的物品，獲利的潛力就愈大。」

除了尋找「奇巧」的貨色，他也會想盡辦法去尋找和物品有關的資料。因為這些物品通常沒有條碼可以掃描，所以他往往得自己打電話去確認物品的品牌和型號，如果問得到的話。

你可以試著詢問賣家關於物品的一些背景，但是他們通常知道的不會比你多，尤其是在跳蚤市場。「他們很可能也只是轉售從倉儲拍賣、遺產拍賣或類似的狀況下買來的物品。」史蒂芬森解釋。

如果說這門生意似乎是靠著占人家便宜，或剝人家一層皮才能賺到錢的話，他補充說，這些賣家可能也是為了獲利而販賣這些物品，如果不符合他們的利益，交易就做不成。

帶著從賣家身上點點滴滴蒐集來的所有資訊，以及物品本身提供的訊息，史蒂芬森會在 eBay 的免費應用程式上做一些基本

研究，查看類似物品的售價。

我請教史蒂芬森，關於預期的獲利範圍或初期的投資成本，他有沒有設定任何標準？「如果我沒辦法用超過 100 美元的價格賣出去的東西，我就不會買進來，」他解釋，「買進的價格通常在 10 至 40 美元之間。我太太也開始做起這門生意，專門銷售嬰兒用品，她不會購買超過 3 美元的東西。」

 ## eBay 學習曲線

費茲帕崔克坦承，他一開始的幾筆生意賠了錢，因為還不了解市場，但是他很快就發展出一套採購標準，並且簡化他在 eBay 的上架流程。

按照這套方法，他利用 eBay 的成交價搜尋工具來預估每項物品可能的最終售價。預設的搜尋引擎只會顯示出目前的拍賣價和「現購價」，這些東西常常都賣不出去，因為賣家的定價過於樂觀。

在透過成交價估算出價值之後，他將每項物品的獲利率設定在 20% 至 50% 之間；大量採購的物品，利潤則訂得低一些。這意思是說，如果他用 200 美元買進一支手機，他會希望用 260 至 300 美元的價格轉賣出去。

（有一點很重要請記住，eBay 會從你最終的售價抽取 10% 的佣金，做為促成交易的費用。）

當他把這套流程運用自如之後，他開始將注意力放在近期上

市的產品，因為它們的價值可以維持比較久。電子產品老化的速度很快，因為每次新一代的機型一上市，舊款就立刻貶值。但是市場對於狀況良好的二手貨，更新、更準確、更成熟的科技，以及價格更合理的物品，還是有很大的需求。

如果市場真的這麼有效率，我很好奇費茲帕崔克如何買到便宜貨。他解釋，總是有人願意賤價出售，因為他們急著用錢。

我認為費茲帕崔克願意拿起電話和陌生人直接交談，也一定有所幫助。隨著他的「副業」愈做愈大，他也用心建立起他的「供應商」網絡。用他的話來說，「要把生意做好，就在於了解人，懂得跟人交談。」

他還建議要測試這些器材，以確保它們處於可銷售的狀態，這意思是說，它們沒有被拿去融資，可以在新的帳號上合法使用。

當提及修復破損的物品時，史蒂芬森說，「我一向只找不須修復的物品，而主要的修復工作我都自己來，我會利用YouTube 找出修理東西的方法。」

他說他最常用到的工具是用來測試電子儀器的萬用電表、一把量尺寸的捲尺，以及一塊清除標籤的神奇擦布。

有趣的是，吸引費茲帕崔克進入科技產品利基市場的同一個原因，卻是史蒂芬森避免跨入這個市場的原因。「二手 iPhone 手機的市場已經很完備又很有效率，所有的銷售價格都會趨向一個平均價，」他解釋，「至於奇特的物品，市場較不透明，有比較大的獲利空間。」

除了利用成交價來估算物品價值，你也可以利用這份資料來觀察某個物品的需求強度。eBay 每週都有數十張某個類似物品的成交清單嗎？或是，它的銷售量已經逐漸下降？費茲帕崔克解釋，這點很重要，因為你希望手上的庫存可以盡快轉手，賺到錢之後，再把獲利拿去投資。

他在美國東岸時間的週末晚上開始將物品上架，設定五天的拍賣期限。他說這段時間夠長，足以讓市場有所回應；同時也夠短，可以鼓勵買家來競價。

雖然 eBay 允許你額外付費，使用副標題和粗體字來提高你上架物品的吸引力，但是費茲帕崔克說「到目前為止」，他最佳的市場絕招就是以 0.99 美元的價格開始拍賣，讓買家一路叫價到合理的價位（有時候甚至會超過）。當拍賣即將結束，買家的競爭意識就會開始出現，他們可能會彼此開出比對方更高的價碼，以確保把貨搶到手。

史蒂芬森也使用 Craigslist、OfferUp 和 LetGo 來銷售他的物品，不過 eBay 還是他的最愛。「透過 eBay，你可以接觸到全美國，甚至全世界的廣大買家。」他表示。

在設定上架價格的時候，他會把該物品的價格訂在他研究時所發現的預估值左右。跟費茲帕崔克相反的是，他避免使用拍賣價，而選用「現購價」。

「如果我可以吸引到六、七個人到 eBay 查看這個物品，我就

知道我的價格訂得沒錯，而且通常可以賣出去。」史蒂芬森告訴我。

如果物品在上架三十天之後還沒有賣出去，他會降價，重賣一遍，目標是盡快把物品賣出去。但是他也承認，有時候這些東西只能堆在車庫裡好幾個月積灰塵。

「我寧願保留這個物品，直到有我滿意的價格才出售，」他說，「今年我賣出了一台 Gagglia Cappucino 咖啡機，它已經窩在我們客房的櫃子裡一年多了，但是我把它的灰塵擦乾淨之後，賣了 1000 多美元。」

如果你對 eBay 是個全然的新手，費茲帕崔克建議你在這個市場先從買家開始當起，了解它如何運作，並且同時為你的帳戶創造一些正面的回饋。所有的 eBay 回饋都會匯集成一個數字，顯示在你銷售物品的頁面，這對買家來說是一個很重要的信號，顯示你是一個可靠的賣家。

完成交貨

除了尋找貨源，我在 eBay 上銷售物品，最麻煩的就是處理包裝和運送的問題。理所當然的，費茲帕崔克對處理這些事情已經駕輕就熟。

因為他從週六晚上開始他五天的拍賣期，拍賣會在週四晚間結束。這讓買家有週四一個晚上，以及週五一整天的時間可以去付款。接著，他利用在週六不用上班的時間，直接到郵局或

UPS 快遞，把所有貨品全都寄送出去。

 費茲帕崔克和史蒂芬森給新手的建議

對於才剛起步的人，費茲帕崔克建議他們花點時間到 Craigslist 尋找可以轉賣的東西，就像他曾經做過的那樣。「從尋找便宜貨開始，找到一些你感興趣的利基商品，制訂預算，然後慢慢擴大規模。」他建議。

史蒂芬森建議剛開始做這門生意的人，每星期都要持續投入時間尋找貨源。「如果你不出去挑些好貨色，你就沒錢可賺。」他說。

我和費茲帕崔克、史蒂芬森兩人聊天過後，學到最有用的竅門之一就是，要盡量靠銷售單價高一些的物品來賺錢。因為做一筆可以賺 50 美元的交易，要比做五十筆每次賺 1 美元的交易容易一些。

❷ Craigslist

Craigslist.org 是美國最受歡迎的分類廣告市場，做為美國最多人聚集的網站之一，它對轉售賣家來說，在這裡設置購買鍵會有廣大的商機。雖然之前的賣家提到 Craigslist 是一個尋找貨源的地方，但它也可以是一個轉售的市場。

芬利（Ryan Finlay）就是其中一個這樣做的人，他已經成功

經營很多年。他一開始會找上 Craigslist，是為了擺脫 2 萬 5 千美元的債務。芬利現在則是全職投入在 Craigslist 買賣謀生，養活一家七口。

它是如何運作的

芬利的生意圍繞在尋找 Craigslist 上「被低估」的物品，然後再將它們轉售出去。跟費茲帕崔克發現的很類似，一旦他設定好一個買賣的重點，就比較容易在 eBay 上把生意做起來。芬利選擇把重點放在電器產品。

它的商業模式同樣是「低價買進，高價賣出」，你能從中賺取收購成本和最終售價之間的價差。美妙的是，幾乎在美國（以及世界上其他許多地方）的每一座城市，都有活躍的 Craigslist 社群，其中的 P2P 商業活動非常熱絡。

Craigslist 贏過 eBay 的一個優勢在於，它不用上架費，也不向賣家抽佣金；它是一個可以免費使用的平台。它不太需要用到什麼技術，創業的成本也很有限。（芬利創業時，銀行裡只有 200 美元。）

Craigslist 的缺點則包括，使用者介面較落伍（這是比較客氣的說法），而且每一筆交易都必須親自跑一趟。這造成安全疑慮，而且很花時間，如果你必須長途跋涉到另一個城市跟買家或賣家會面的話。

入門

芬利是一位承包商，但是他不喜歡他的工作，所以開始嘗試在 Craigslist 套利，當作他的副業。

在嘗到幾次「甜頭」之後，包括一台冰箱賺了 250 美元，以及一組洗衣和烘乾機賺了 100 美元，他判斷這其中或許真的有商機。

他和幾位朋友在一家咖啡廳碰面，並且將他的計畫告訴他們。這幾位朋友則義務擔任他的夥伴，並且在接下來的六個月，每天透過電子郵件跟芬利報告訊息。

尋找被低估的物品

芬利解釋，他做生意的關鍵在於知道哪些東西是有價值的。這意味著你可能得花上好幾天搜尋本地的 Craigslist 網站、亞馬遜或 eBay，以了解某些物品可能值多少錢。

芬利建議你從熟悉的項目開始做起，這樣你的學習曲線可以縮短，你的回應時間也可以快一些。用這種方式，當你察覺到某樣東西可能有賺頭，才有辦法快速採取行動。

例如，芬利起初交易了很多家庭劇院的相關產品，因為這是他熟悉的領域。他補充，有品牌的商品很重要，因為許多買家會用品牌名稱搜尋，而且這些產品也可以賣較高的價錢。

在專注於家電產品之前，他也涉獵家具、自行車、電子產品

和電動工具的領域。他在自己的家裡和車庫裡經營事業，不需額外的倉儲設備，但是他坦承，你的移動能力和儲存大件物品的空間，會限制你可以買進的產品類別。

與賣家交流

如果有某個產品的價格非常令人心動，芬利表示，「你最好打電話給賣家，而不是寫電子郵件。」至於其他物品，你可以很快地打一封信，附上你出的價格，看看是否有人收件。

令我感到驚訝的是，當芬利出面去挑選物品的時候，並不會無情地殺價。既然這是他全職的事業，每殺價一塊錢，他的成本就可以少一塊。但是，芬利解釋，一直討價還價真的很折騰人，而且真的也不需要為了多賺幾塊錢而痛宰賣家。

後勤運輸

如果你沒有交通工具，你的背包或自行車能攜帶的東西很有限。芬利說他曾經看過有人在 Honda Civic 汽車，甚至是自行車後面掛上一台推車，但其實只要有一輛小型的休旅車，就可以載得下大部分的家電產品。（卡車只有在最大件產品的時候才用得到。）

我很好奇當買家出現在芬利的車庫，看到裡面塞滿數十樣家電產品的時候，心裡會怎麼想。他說買家雖然一眼就看出他這

是在「買賣做生意」，但是到目前為止，還沒有人因此退出交易。

 ## 在心中設定目標

芬利決定，如果他一天可以從這項事業中賺到 100 美元，他就可以靠這份工作養活他自己和一家人。這給了他一個具體而且可以努力達成的目標。

你的數字可以高一些，或者低一些，但是我相信這可以讓這副業變得好玩一點。你今天可以找到讓你獲利 100 美元的東西嗎？

 ## 充分利用免費的部分

Craigslist 最棒的地方之一，就在它「免費」的那個部分。每當我上架某項免費的物品，幾乎立刻就會被預訂走。我們已經像這樣送走了我們的搬運箱、梳妝台和辦公桌。

我一直認為免費的這部分是個不可多得的機會，因為可以想見的，你可以用 0 元取得你的貨源，這讓你在銷售物品的時候，擁有絕佳的談判優勢，更別提那些令人眼紅的利潤。

但是因為搶奪免費物品的競爭如此激烈，有人根本就是坐在電腦面前，在他們的瀏覽器中不斷地點擊「資料更新」的功能，所以你必須眼明手快才行。我問芬利，他是否曾經獲得免費的

貨源。

　「是，也不是，」他說，「如果有某個有價值的東西免費提供，要趕快發一封短信給賣家，告訴他，你願意出錢買下，並且在電子郵件主旨的那一行，就把你的價格寫上。」

　他說這個動作通常可以讓你的郵件在那些免費索取的大量郵件之中，先馳得點。我把這個技巧分享給一位朋友之後，他傳給我一個訊息，說他依樣畫葫蘆，搶到了一件家具，最後讓他淨賺 300 美元。

其他可以考慮的平台

　Gumtree——Gumtree.com 是英國和澳洲最受歡迎的分類廣告網站。

　Kijiji——Kijiji.ca 在加拿大是 Craigslist 之外的另一個首選。

　OfferUp——OfferUp 是另一個快速成長的市場，在那裡可以買賣當地物品。我發現它免費的應用程式中，使用了大量照片，會讓人滑手機滑上癮，想要瀏覽有什麼東西在賣。

　LetGo—— 免費的 LetGo 應用程式，也有愈來愈多的賣家和買家在這裡買賣當地的二手物品。

因為每天都有這麼多人使用 Craigslist，在這個平台推出服務業務的效果超乎想像。當我太太開始經營她的攝影事業時，她和她的夥伴在 Craigslist 上刊登了一則廣告。

那個時候，我覺得這是一個很愚蠢的想法——沒有人會在 Craigslist 上面尋找婚禮攝影師！但我真的是大錯特錯。才不過幾天的時間，詢問的人如潮水般湧進，工作多到足以塞爆他們的行程，並且大大增加了他們的攝影作品選輯。

《副業一族》的一位讀者指出，在 Craigslist 上甚至還有一個部分是專門為「零工」（gigs）而設置的。所以你不但可以在上面銷售你的服務，也可以在上面的電腦、活動、創意、在地、寫作等類別，查看有哪些工作機會。

2015 年，波布拉（Cassandre Poblah）在 Craigslist 上經營副業，兩個月之內就賺了 2230 美元。

波布拉的全職工作是在蒙特婁的一個非營利社區擔任管理員，她的故事正展現了市場的力量。

2230 美元並不是一筆大數目，但是她說，「它幫助我在很短的時間之內，支付大筆的學貸，而且是在零成本、零經驗的狀況下開始的。」波布拉是第一個承認這樣做的人。

「我過去曾經試著創業，」她解釋，「我花了好幾個月

準備完善的計畫，建立並測試樣本，而且還進行了研究和市場調查，在投入這麼多時間在這些計畫之後，卻只是讓我感到退卻，最後就放棄了。」

這一次，她只給自己一天的時間。「我已經厭倦了創業失敗。我和妹妹花了一個小時討論我的構想。在十五分鐘內，我們寫好一則廣告，當天晚上，就有兩個人來詢問。」

第二天，波布拉已經擁有兩名客戶。在沒有投資、沒有設備、沒有經驗的狀況下，她在二十四小時之內，就做到她之前的其他事業構想從沒做到的事情——做成買賣了。

她把這歸功於她的第一步很簡單：「我下定決心，開始去做就對了。停止害怕、停止懷疑自己可能會失敗，以及停止對自己放馬後炮。也就是下定決心立刻去做。」

波布拉補充，刻意壓縮的時間表，讓她沒有時間過度分析情勢，找到不去做的理由，或是淪為自己「心理障礙」的受害者。

所以，那則廣告到底是在賣什麼？一個簡單的居家清潔服務。

波布拉說，「除了我自己的住處，我從來沒有打掃過其他人的房子，但這一次，我絕不讓任何事情阻止我，而在過去的三個月，一直有人預約我的服務。」

她對於企管專欄建議要追隨自己的熱情來創業這種論調

感到厭煩。取而代之的，她建議，「為了起個頭，我建議
先挑一些你可以做的事情來做。」

你可以幫人遛狗嗎？

你曾經油漆過房間嗎？

有考慮過幫老太太跑腿打雜嗎？

「你選擇做什麼都不要緊，」她補充。「市場會告訴你，
你的構想好或不好。」

如果馬上就有人詢問，你就（可能）發掘了一門好生意。
如果沒有，再試試其他的可能。她提醒大家不要陷溺在過
程中，要跳脫出來，讓自己有個起步，才是最重要的事情。

對我來說，波布拉最讓人印象深刻的一點是，她堅持不
把這些新的嘗試當作是一項事業來做。

她解釋，「不像我每次創業那樣，我不覺得有壓力要製
作宣傳題材、設立網站、撰寫事業計畫，或是向世界宣告。
事實上，我不在乎它是否成功。」

以下是她的第一則廣告內容：

有競爭力的價格

公寓、大樓、企業清潔服務。絕對可靠有效。我正在
尋找有定期清潔服務需求的人。謝謝！

它的內容非常簡短。波布拉提到要測試不同的變化，但是她有一個重要的觀察：在你貼出第一則廣告之前，你沒有什麼可以測試的。

　　為了讓她的廣告脫穎而出，波布拉說，她在廣告中放了「一張迷人的女子照片」。帶有影像的廣告，往往會有更多人來點擊，而「大多數人自己的照片，或擁有的貼圖並不好看。」

　　她並不推薦你把自己的照片放到網站上，但是建議你可以使用攝影圖庫的照片，或是某個看起來跟你很像的人的免版稅圖片。

　　至於價格怎麼訂，波布拉說她沒有一定的價格，但是她的平均價碼大約是一小時 35 美元。

　　「我盡量不拒絕工作，」她表示，「我會跟我的客戶說，在你願意支付的範圍之內，我可以做哪些事情，我就從這個價碼開始做起。」她還補充，「我會拒絕那些想要壓榨我，或者令我毛骨悚然的客戶。要記得，畢竟這是在 Craigslist，什麼人都有。」

　　波布拉以她的專業精神，凸顯出她的與眾不同。她說潛在客戶會真的很感謝她快速有禮地回覆訊息。很顯然的，這就是現今客戶服務的最低門檻！

　　但是回覆的速度，最後確實成為達成交易的一個關鍵因

素。波布拉指出，「我發現我回覆的時間拖得愈久，我被潛在客戶僱用的機率就愈低。」

Craigslist 最棒的一件事情之一，就是它幾乎可以帶來立即的滿足，不論是正面或負面的。波布拉在貼出她的廣告一小時之內，就收到第一則詢問。如果過了一兩天都無人聞問，這可能表示你的服務沒有市場需求，或是該嘗試新的廣告了。

不論是哪一種狀況，波布拉再三提醒，「不論你做什麼，千萬別放棄！Craigslist 充滿尋找服務的人。如果我最後可以跨越我的心理障礙，揮別過往的創業失敗，我確信你也一定做得到。」

❸亞馬遜

Amazon.com 是全美國第四大熱門網站，也可能是全世界最大的商店。我們已經介紹過如何將你的書籍放上亞馬遜銷售，但是你也可以在亞馬遜放上你的購買鍵，販售實體物品。

根據 2015 年的一項研究，有將近一半的美國消費者，會從亞馬遜開始搜尋他們想買的物品。這家公司在去年賣出超過 1 千億美元的商品，擁有三億多名客戶。

而且令人興奮的是，亞馬遜持續透過像你我一樣的轉售賣家，「眾包」進貨。亞馬遜銷售的項目，有超過 47% 是透過第三方賣家售出的。這些第三方賣家，就是善用了亞馬遜客戶群的優勢和它的購買鍵。

　　亞馬遜允許賣家創建他們自己的產品列表，或是在已有的產品頁面添加上他們的商品。不論是新品或是二手商品都可以這麼做，當有訂單下來，你可以自己把貨寄出去，或是利用亞馬遜的物流網絡，讓公司幫你送貨。

　　因為我懶得去郵局，所以選擇使用亞馬遜的倉儲物流服務 FBA（Fulfillment by Amazon），來代替我寄送訂貨。

　　轉售賣家可以透過幾個主要方法來利用亞馬遜的市場力量。第一種方法類似之前描述過的「低價買進，高價賣出」商業模式，你瞄準貨源，通常是新品，便宜取得貨源後，將它們送進亞馬遜的倉庫，然後銷售獲利。這被稱之為零售或清倉套利。例如，我已經涉足這門生意，而且在沃爾瑪、Home Depot、玩具反斗城等地方的貨架上，發現可以賺上一筆的清倉產品。

　　第二種模式牽涉到創造自己的產品，通常是從熱銷產品獲得靈感，並且將它製造出來。你直接和工廠聯繫，創造自己的品牌和包裝，並透過已經有既定市場需求的亞馬遜銷售產品。這種做法稱之為「自有品牌」。

　　在這兩種狀況下，運作流程都是類似的。你將貨源上傳到你的亞馬遜賣家帳戶，訂好價格，並且做好包裝，然後整批運送到亞馬遜的物流中心。它基本上是幫你寄售，直到東西賣出去，

亞馬遜便會代你出貨給客戶。這樣一來，亞馬遜不但可以顯著地增加它銷售產品的廣度，同時還可以為其他人創造獨特的購買鍵商機。

對於它所提供的服務，亞馬遜會針對每筆交易收取一筆費用，通常大約是購買價格的 30%。

為了探索亞馬遜 FBA 業務的實際運作狀況，我找了兩位專業賣家來聊一聊，聽聽他們的觀察和建議。

零售套利

我接觸的第一位賣家是希迪奇（Assad Siddiqi），他是波士頓一家地區醫院的財務主任。在我們談話的時候，他在白天的工作之外，也在亞馬遜經營副業，而且在一年之內，就成功轉賣價值超過 30 萬美元的零售套利商品。

就如我之前提到的，轉售事業得承擔創業的成本，花錢買進一開始的貨源。然而，這個商業模式的美妙之處在於，你可以從你覺得適宜的成本開始做起。以希迪奇的例子來說，他從一1500 美元開始，花了兩個月就回本了。在那之後，他就持續將他的獲利再投資下去。

入門

希迪奇告訴我，他買的第一件產品是芭比娃娃的衣櫥。他看

到這些玩具在當地的塔吉特百貨公司打二五折促銷，於是便買了五個。他以三倍的價錢在亞馬遜銷售，結果全部賣出，從此便欲罷不能。

如果你對這門生意全然是個新手，有幾件事情你得先辦妥才能開始。第一件是開設一個免費的亞馬遜賣家帳戶。亞馬遜也提供每個月 40 美元的「專業級」帳戶，這種帳戶抽取的佣金較低、支付較快，但是目前我們先讓事情保持單純一點的狀態。

你可以在 sellercentral.amazon.com 開設你的帳戶。接下來，你需要下載免費的 Amazon Seller 應用程式到你的手機上，然後用你的賣家帳戶憑證登錄。這個應用程式在 iOS 和 Android 系統的裝置都可以取得，而它的「殺手級」應用是它的條碼讀取功能。

如何運作

它運作的方式是，每當你外出購物，或碰巧看到貨品清倉，你可以使用這個應用程式掃描條碼，看看亞馬遜上同樣的商品賣多少錢。這個應用程式會告訴你目前的銷售價格，預估你在繳交佣金之後的獲利，以及有多少賣家在銷售這些產品。

要如何知道有哪些東西值得一買？我用的標準是，試著將價錢加倍。如果我可以用 10 美元在商店裡買下某樣東西，我會預估我的利潤至少要有 20 美元。這個應用程式也會經常向你顯示，這項物品在亞馬遜該類別中的銷售排名，這是一個很好的預估

指標，可以預測產品的銷售速度。我的一般原則是，尋找銷售排名在十萬名以內的商品。

例如，該類別最暢銷的產品，銷售排名第一，你就會知道它會賣得很快。有時候我會以少於「價錢加倍」的原則購買產品，如果我可以一口氣買好幾個，而且它們的銷售排名很前面。

要注意的是，即使你已經盡了全力，你所採購的產品，並非每樣都能夠獲利，而且預先購入貨源，也得冒著賠錢的風險。我曾經購買過幾批貨，當這些貨物送到倉庫的時候，它們在亞馬遜上的價格已經下跌了。其他時候則是，有些物品的銷售速度並不如預期的快速。

在頭三、四個月的時間裡，希迪奇每週花二十至二十五小時，學習整個相關流程的來龍去脈。他指出，一開始會有一個陡峭的學習曲線，但透過練習，要找到可以賣得好的產品就變得容易多了，經過幾個月之後，這種能力已經「近乎直覺」。

 更聰明的工作

這門生意最令人感到挫折的部分，至少對我來說，就是那種大海撈針的不確定感。我很痛恨花了四十五分鐘在商店裡掃描貨品，最後卻只能空手而回。在你找到一個戰利品之前，你可能已經掃描了許多產品，而且當貨架上只剩下一個存貨的時候，你的戰績也不會好到哪裡。

我請教希迪奇如何克服這種挫折感，以及如何確保可以有效

利用有限的時間來做這件事。他告訴我他運用了三個方法，來幫助他加快工作的速度：

①使用付費服務，可以更輕鬆快速地找到產品。
②在線上搜尋產品，而不是去商店裡尋找。
③將部分工作委派出去。

希迪奇解釋，有幾個付費的服務，你可以在那裡購買篩選過的商品名單，上面會列出有專人為你研究過的，可能會讓你獲利的產品。例如，我是臉書群組 Sourcing Simplifiers 的成員，所以會經常看到拍賣清單。（希迪奇也協助經營 SourcingSimplifiers.com，這是一個部落格和資源中心，協助人們透過亞馬遜 FBA 開創事業。）

然後你可以自己做功課，在附近的商店尋找這些產品，或是在線上把它們買下來。希迪奇說，線上採購最後成了他主要的致勝關鍵。做為一個曾經經營過比價網站的人，我很驚訝聽到他這麼說。如果買家只要點幾下滑鼠，就可以買到便宜許多的產品，為什麼他們還要到亞馬遜購買價格膨脹過的東西呢？

希迪奇指出一項事實，亞馬遜已經在買家心中建立強大的信賴感。而且，他們之中有許多是亞馬遜的高級會員，一向只從亞馬遜開始搜尋產品，他們不會四處逛逛其他的網站。

要進行這種「線上套利」，希迪奇推薦使用 Chrome 瀏覽器的一項延伸工具，稱之為 OAXray（oaxray.com）。這個工具

會掃描產品頁面，將它們的價格跟亞馬遜上的價格進行比較。OAXray 每個月的訂閱費為 99 美元，但是有三天的免費軟體試用版本。

跟開著車子到處逛不同的店面尋找貨源比較起來，線上資源的優勢在於它省下大量的時間，而且你通常可以一次就獲得多個同樣的產品，而不是只能拿到沃爾瑪架上最後的那一個。

希迪奇節省時間的另一個方法，是把他的一些工作委派出去。在成功地完成進貨採購之後，下一步通常是要將所有的品項輸入到亞馬遜的賣家帳戶，並且將它們包裝好，運送到亞馬遜的倉庫裡。我可以坦白告訴你，這是一個非常耗費時間的過程，你的客廳會塞滿大大小小的箱子和包裝用品。

取而代之的，希迪奇已經開始委託「打包」公司來協助他處理貨品檢查、張貼標籤、裝箱，以及上架到亞馬遜等相關的大小事務。對他來說，採購才是有趣的部分，也是賺錢的關鍵，而不是後勤和包裝。「如果我沒有去採購貨源，我就沒錢可賺。」他說。

全美國各地都有打包公司，一旦和其中一家建立合作關係，甚至可以把訂購的東西直接寄到那裡，連產品都不用碰一下。

為了更熟悉這門生意，並且有機會和更多有志一同的人聚在一起，希迪奇建議你可以加入亞馬遜 FBA 的一些臉書群組。除了之前提到的 Sourcing Simplifiers 群組之外，他還推薦 Scanpower 的臉書群組，以及 FBA Masters 臉書群組。

除了取得付費的採購清單之外，你還可以找到一些其他轉售

賣家分享祕訣和回覆問題的有用社群。

對於在 FBA 經營副業的很多人來說，從轉售他們找到的產品，到進口產品，甚而創立自有品牌，這是一個很自然的進程。希迪奇目前還沒有這樣做，但表示在未來有這個可能。

🔍 自有品牌

為了對進口商品和建立自有品牌有更多了解，我坐下來和莫瑟（Greg Mercer）好好地請教了一番，他是一位年收入上百萬美元的亞馬遜賣家。莫瑟對於轉售業瞭若指掌，甚至創建一個稱為 Jungle Scout 的軟體，幫助新賣家發現有利可圖的商品。

莫瑟告訴我，有了 FBA，創業變得「超級簡單」。「市場已經非常蓬勃，」他表示，「而新的賣家每天都在尋找成功的機會。」

我告訴他關於我在零售套利的戰績，以及希迪奇的經營成果，莫瑟則表示，這是一種很棒的方式，可以了解亞馬遜如何運作，並能夠體會一下每天有多大量的商品經由這個市場銷售出去。他提到的其他優點還包括：較低的前期投資，不用從頭開始製造自己的產品，也不用真的擔心如何行銷產品。

不過莫瑟強調，創立自有品牌是跨入規模經濟，並且充分利用亞馬遜大量潛在買家的一種方式。如果一樣產品可以賣出一千份，每份賺 10 美元，他問道，這難道不會比在塔吉特百貨枯燥地掃描物品，希望找到賺取蠅頭小利的貨色要好一些嗎？

我個人則認為，創立自有品牌和零售套利相比，風險較高，報酬也較高。它運作的方式是，你選中一項產品，或是一個你認為有賣點的產品概念，聯繫製造商（通常是在中國的廠商，以壓低成本），向他們下一批訂單，最後使用亞馬遜的物流系統將訂貨送到終端客戶手中。

產品研發

創立自有品牌的整個過程，從頭到尾都需要你更多的參與，不過它一向都是從產品研發開始。

莫瑟坦承，提出一個產品構想大概是最困難的部分。為了讓這個過程更聚焦，我請教他，當他在尋找某項產品來製造時，會使用哪些標準，他給了我以下的準則：

①體積輕巧。這可以減少運輸成本，以及亞馬遜的處理費用。理想的產品應該可以放進一個鞋盒裡，重量不要超過幾英鎊。

②不易破碎。從中國運送到美國，然後再送到亞馬遜的物流中心，一路上會有不少的顛簸。

③設計簡單。選擇活動零件少的產品，因為這可以減少故障和退貨的可能。

④售價在 20 至 50 美元之間。這可以確保有足夠的獲利空間。低於這個價格,很難回收運送成本;高於這個價格,買家可能會對這個品牌的敏感度變得高一些。

⑤未獲得專利,而且未被授權的產品。印有大品牌或公司名稱的產品,可能會造成法律問題。例如,可愛的丘巴卡(Chewbacca)連帽衫(《星際大戰》裡的一個角色),或是討喜的美國隊長盾牌背包都不行。

⑥低責任。選擇不會對使用者造成任何健康風險的產品。這意味著醫療用品、跳傘配備等這類型的產品,可能都不列入考慮。

莫瑟最近推出一款新產品,並且在他的部落格(JungleScout.com/blog)裡當作範例特別介紹。是什麼產品呢?答案是品牌名稱為「Jungle Stix」的棉花糖串竹籤。它是絕佳的產品範例,完全符合以上的標準,除了長度三十六英吋,無法放進鞋盒裡之外。

但是竹籤很輕巧,在運輸過程中基本上不易破碎,設計更是簡單到極點,售價是 27.99 美元,不會有專利或授權的問題,雖然這不是莫瑟發明的東西。

莫瑟告訴我,銷售第一個月,他就賣出了兩百四十五綑這種竹籤,裝在一百一十公分長的箱子裡,每箱獲利大約 8 美元,

或等於一個月大約淨賺 2000 美元。以這種拿在手上，在上面串上棉花糖的長棍子來說，這算是很不錯的銷售成績！

莫瑟還指出，在這案例裡，這種竹籤在他所接觸的工廠已經是現成的產品，這意味著他不必承擔這項產品的任何研發費用，唯一要做的是創造出「Jungle Stix」這個品牌，並將它包裝好。

「關鍵是在市場裡找到機會，並且找到製造商。」他解釋。

「那麼我要如何才能在市場裡找到機會呢？」我請教他。

尋找產品構想

莫瑟說這是大部分的人陷入困境的地方，他分享一些如何找到產品的訣竅，以及剛跨入這一行的人最有效的做法。

「當你在尋找產品構想的時候，有個重點一定要記住，不要去重新發明已經存在的東西，」他表示，「我所做的，是去尋找在亞馬遜上面已經很暢銷的產品，那些已經被證明有市場需求，並且符合我上面所列標準的東西。」

莫瑟建議從 Google 搜尋「amazon best sellers」（亞馬遜暢銷產品）這幾個關鍵字開始，這可以顯示出專屬的暢銷產品頁面，否則很難找到這些資料，然後再依循各個不同的類別挖掘下去。

他提到有些類別比較「友善入門者」，包括：

①體育戶外用品
②居家廚房用品

③露臺、草坪和園藝用品
④寵物用品

　當你找到感興趣的類別，你可以進入更細分的子類別去尋找利基產品，這可以增加你的機會，找到競爭較不激烈的產品。
　一旦他根據上述的體積、重量、價錢等標準，找到很吸引人的某項產品，他還會考慮到另外兩個因素：

①預估的銷售量
②評價的次數

　為了預估銷售量，莫瑟跟他的團隊在 JungleScout.com/estimator 建立了一個工具，如果你在上面輸入商品銷售排名，它可以告訴你這項產品一個月的大約銷售量。他建議你可以搜尋類似的產品，並且利用這個預估工具，來計算出前十大暢銷產品的預估銷售量。
　如果這十項產品的預估銷售量一個月在三千份左右，那就會是莫瑟所說的最佳擊球點。他發現，如果推出自有品牌和這些產品競爭，可以預期一個月大約賣出三百份。
　另外要考慮的一點，是這每一項產品所獲得的評價次數。他解釋，「如果前五大產品之中，至少有一樣產品的評價次數少於一百次，而前十大產品之中，有幾項產品的評價少於一百次，這會是一個很好的指標，顯示這些產品還有新鮮感，或是市場

的競爭仍低，可以容納新競爭者加入。」

 製造

一旦你決定好要做某項產品，你必須找到製造商。阿里巴巴（Alibaba.com）是目前尋找供應商的最大線上平台。大部分供應商都在中國，這也是莫瑟訂製所有產品的地方，因為它是最具成本效益的製造地。

我請教莫瑟如何在阿里巴巴浩繁的目錄之中，找到優良可靠的供應商。他說他是從關鍵字搜尋開始（例如：竹籤），尋找那些已經在製造類似產品的廠商。

他建議另外設立一個電子郵件帳號，以避免太過積極的廠商代表濫發垃圾郵件，然後他會向五至十家供應商寄出幾封基本的詢問信件。在初步的郵件中，他會詢問最低訂製量是多少，以及他們是否能夠提供一份產品樣本。

他真正想要探詢的是，除了獲得問題的答案外，還想要了解他們是否能用英語流暢地溝通，以及他們給人的直覺印象。

當你找到一個（或數個）讓你放心的工廠，請跟他們索取幾個產品樣本，以便檢視他們的品質與穩定度。如果你對他們的樣本感到滿意，這就是下第一批訂單，並且盡可能洽商出一個好價格的時候了。

莫瑟說他偏好一次訂購至少一千份。「當我只購買兩百五十份或五百份的時候，總是會搞到缺貨。」他表示。「但是，」

他補充，「如果一千份在剛開始似乎是個可怕的投資，那麼就依照你自己覺得放心的做法去做吧。」根據你產品的價格，你的初期投資可能會是在 500 至 5000 美元之間，或者更多。

另外要記住的是，這可能會是一個緩慢的過程。從下訂單到收到產品，通常至少要有三十天的交貨時間。

上架到亞馬遜

在製造和運送的這段期間，正好是你可以用來構思產品品牌與包裝的大好機會。你可以自己創建品牌，或是找專人幫你設計。你希望你的產品看起來有多「高檔」？你想要完全仿造「蘋果體驗」的奢華風格，或是走平實路線？

莫瑟建議這個時候，可以在你的亞馬遜賣家帳戶建立一個產品清單的預留位置，它會產生你所需要的 FNSKU 編碼，你可以使用在產品標籤上。

一旦產品到手，一定要確實檢查它們的品質，然後就可以將它們包裝好，運送到亞馬遜，進入到 FBA 處理流程的部分。

透過建立自有品牌，你可以掌控你的產品頁面，包括標題和文字描述，照片和價格。一旦產品上架到亞馬遜，可以用來行銷產品和累積評價的策略不計其數，但是莫瑟向我保證，唯一可以學到東西的方法，就是透過實做。他鼓勵讀者一步一步來，當各種獨特的挑戰來臨時，就想辦法一一解決。

我相信我們還處於電子商務的早期階段。也不過就在幾年之

前，幾乎還不曾聽說有人直接和中國工廠聯繫，從頭開始製造自己的產品，並且還能將它們上架到擁有三億名買家的亞馬遜上販售。

莫瑟也意識到，亞馬遜的 FAB 業務已經變得愈來愈擁擠和競爭，但是對它的未來仍保持樂觀態度。除了美國的主要市場，他說，「像是在英國、加拿大、德國、墨西哥等新興市場，還有很大的銷售潛力。」

而我的看法是，亞馬遜最大的優勢，是做為創業加速器的角色。是的，你每做成一筆生意就得付這家公司一筆費用，但是你也正借用了這家公司二十年來和它的客戶所建立起來的信任感。當然，如果可以擁有自己的電子商務店面就太了不起了——而且對許多亞馬遜賣家來說，這正是他們下一步的計畫——但是你不須等到有這麼一個店面才能創業。

讀者紅利：想要了解更多開創電子商務的訊息嗎？請到 BuyButtonsBook.com/bonus 下載免費的電子商務紅利。

你可以在裡面找到如何發現熱銷產品的範例，如何設立你自己的網路商店，以及如何經營獲利。

---

❹實體物品交易的專業市場

在做商品轉售生意的時候，雖然應該盡量把網撒得愈大愈好，但是如果你有某些特定的產品，也應該要去關注一些專業市場。

例如，我在 Swappa.com 買賣手機，就會比在 eBay 上要來得划算。因為它只專攻手機買賣，那裡需要被篩選掉的「垃圾」比較少，它具有保護買賣雙方的獨特功能。而且，在這裡做為一名賣家，賣出一支 400 美元的手機，只須繳交 10 美元費用，可說相當平價，這比起在 eBay 要交 40 美元的費用更有吸引力。

🔍 其他可以考慮的平台

ThredUp——ThredUp.com 會寄給你一個免費的「清潔袋」，你可以把穿不著的衣物放進去，運送給他們寄賣。你甚至可以利用線上的支付預估工具，來查看你商品的價值。

Poshmark——你可以透過 Poshmark.com 的應用程式銷售你設計的衣服，它可以讓你在一分鐘之內輕鬆地拍攝和陳列物品。

Swap.com——你可以透過 Swap 的線上寄售商店，銷售女性和兒童服飾，寄售的服飾平均每箱可以賺 150 美元。

Swap Style——在 SwapStyle.com 租借或購買設計的二手服

飾，可以為你省下不少錢。也可以把你衣櫃裡的衣服拿去那裡出售。

BagBorroworSteal——可以在這裡寄售你的名牌包包和配件，或是接受比較低的價格，立刻取得付款。

Depop——The Depop.com 行動裝置應用程式，可以讓你出售你衣櫃裡的東西，並且上傳照片和說明。這個網站的氣氛絕對足以媲美 Instagram，因為它特別強調優美的影像效果。Depop 宣稱從 2012 年以來，它們已經促成數千萬筆的交易。

SidelineSwap——是一個提供運動員在線上購買、銷售和交換配備的市場。

Chairish——提供藝術愛好者買賣古董和二手家具、裝飾品和藝術品的市場。

VII

結論與下一步

從許多方面來說，這本書是一本市場行銷 101：告訴你如何來到已經有客戶聚集的地方。了解他們正在跟誰做生意，要如何放上你的購買鍵，好讓他們可以找到你。

我在念大學的時候，曾經在西雅圖跟著一位優秀的房地產經紀人見習一整天。由於我主修的是市場行銷，於是便請教他，他都做些什麼來推銷這些上百萬美元的房子，這是他最擅長的買賣。

他的回答讓我感到很驚訝。「我推公開看房，也會拿出報紙刊登的房地產廣告，因為這是客戶所期待的，也是他們可以看到的有形東西，」他解釋，「但實際的狀況是，可能有 90% 的房地產，是透過在聯賣資訊網 MLS（multiple listing service）陳列而銷售出去的。」

這是展現市場力量有力的證明。儘管他努力嘗試了其他所有的行銷策略，但是唯一一個最有效的銷售策略，就是把他的購買鍵（以及他的經紀商），放上買家正在查看的地方。

在這本書裡面，我把焦點放在線上市場，但是這個策略在線下也一樣奏效。還有其他哪些地方可以放上你的購買鍵？你健身房的公布欄？你學校的走廊？

在我的事業生涯中，我一直在思考，如何把宇宙縮小到一個範圍，在那裡，我可以來到我希望被看到的一群人面前。

這些市場減少了買家和賣家之間，以及商人和消費者之間的隔閡，它們讓彼此可以更輕鬆地做生意。

我們已經介紹了各式各樣的共享經濟平台，你可以藉由這些

平台，將你未充分利用的資產變成現金。

　　接下來，我們檢視了數十個專業市場，在那裡，你可以用自由工作者的身分銷售你的技能，或是販售實體或數位產品。

　　而最後，我們探索了廣大的轉售市場，在那裡，你可以利用古老的「低價買進，高價賣出」的商業模式，接觸到數百萬名買家。

你的家庭作業

　　你現在的任務，如果你選擇接受的話，就是挑出一個平台，放上你的購買鍵，採取行動，並且讓我知道結果如何。我會非常樂意將你的故事放入這本書的下一個版本！

　　不要因為有這麼多的選擇而感到不知所措。記住，行動是看見結果與建立正向能量的第一步。如果你選擇的第一個市場沒有成功，不要感到氣餒。事實上，還有其他好幾百個選擇可以嘗試，而全世界的買家都已經在那裡準備跟你做生意。

　　芬利，Craigslist 上的轉售賣家，你在不久之前才讀到他的故事，他給了我一些建議，而這是我所聽過最好的建議：「唯有你採取行動，你才能看到最佳的機會。」

　　在我超過十五年的創業生涯中，我知道這是千真萬確的。現在我正在進行的計畫，（經常）是直接導源於過去完全不相關的行動。我開始做起鞋子的生意，是在我擔任兼職的行銷實習生的時候。我開始經營我的另一個網站，是在我進行另一個不

同的（失敗的）研究時。還有，不瞞您說，這本書的構想，一開始只是一篇部落格的貼文！

🔍 行動會醞釀行動！

一旦你開始動起來，突然之間，所有新的想法和機會都變得清晰可見。

這是一個很奇怪的現象，不過對這種現象我聽過最好的解釋，也許是我的朋友茱莉亞所說的一個比喻。創業就像下一盤棋，你的第一步棋並不重要。你所要做的，就是把棋子下出去，看看它會得到什麼反應。

所以回到你的家庭作業：今天就挑選一個平台，開始行動吧。

🔍 保持對話

如果你想加入一個支持團體，以及其他創業家和副業一族活躍的社群，請加入免費的 Side Hustle Nation 臉書群組：SideHustleNation.com/fb

你可以在這裡請教問題，幫助其他的人展開旅程，並且一路上分享你的勝利。

喜歡這本書嗎？

　　如果你喜歡《一鍵獲利》這本書，請花幾分鐘的時間到亞馬遜上留下你真摯的評語，這對我非常重要。感激不盡！

讀者紅利

別忘了，為了感謝你閱讀這本書，有些小禮物將致贈給你，我已經為你彙整了一些紅利。這些主要是為了做為此書內容的補充，幫助你節省金錢，並且讓你能更深入探究你最感興趣的商業模式。

讀者紅利包括：

① 1150 美元免費的「共享經濟」折扣和額度。
②自由工作者諮詢紅利：如何贏得你的第一批顧客，並為自己做好定位，賺取高額收入
③線上教學紅利：如何和他人分享專業知識，並獲取酬勞。
④電商紅利：如何在網路上銷售產品，創業獲利。

請至 BuyButtonsBook.com/bonus，下載你的免費紅利。

版權與免責聲明

　　本書僅供參考。本書包含第三方所屬訊息、產品與服務。這些第三方素材包括產品及其所有者所表達的意見。因此，作者對第三方所屬的任何素材或意見，並不須承擔責任。

　　發表這些第三方素材，並不表示作者對這些素材所包含的任何訊息、說明、意見、產品或服務做出保證。採用本書所建議的第三方素材，並不保證你或你企業的成功或收益。發表這些第三方素材僅供讀者參考，並僅代表作者本人對這些素材的意見。

　　與第三方資源的連結，有可能是聯盟連結，這表示，如果消費者最後透過這些連結採購某項服務，作者可能會獲取佣金。

　　未經作者事先書面同意，不得以任何形式複製、傳播或銷售本出版品的全部或部分內容。出現在本書中所有的商標與註冊商標，皆為其各自所有者的財產。

　　建議本指南的使用者，在涉及商業決策時，請自行審慎調查。本指南提供的所有訊息、產品、服務，須經由你所認可的專業人員逐一確認無誤。經由閱讀本指南，你同意作者不須為你的企業決策成敗負責，雖然這些決策可能與本書所提供的訊息相關。

關於作者

洛普是一位作家、創業家，以及一位永遠都在探索商業遊戲規則的學生。他和他的妻子 Bryn，兒子 Max，以及一隻巨大可愛的西施犬 Mochi 定居於北加州。在典型的一天裡，你會看到洛普正在寫作、規畫他最近的事業構想、為西雅圖水手棒球隊加油，或是在山間滑雪。

洛普曾經多次見證購買鍵的威力，直到最後他終於被打動，決定他應該寫一本有關於購買鍵的書。

就如同你可以從書中察覺到的，他對這些事物感到無比興奮，且希望幫助別人在網路上找到他們的成功之道。

想了解更多相關的內容嗎？

你可以上網連到 SideHustleNation.com，查看他的部落格和播客節目，這個網站是一個成長中的社群和資源中心，是為了有志於創業和從事副業的創業家而設立的。

你也可以加入臉書群組：Facebook.com/groups/SideHustleNation，與同樣是副業一族的同伴們連結在一起，和他們分享勝利、獲得回饋，以及互相加油打氣。

關於購買鍵，你有成功的故事想分享嗎？請聯繫（nick@sidehustlenation.com），你的故事很可能就會寫進這本書的下個版本裡！

Big Ideas 14

一鍵獲利：發掘共享經濟時代新商機，讓知識、技能、
物品變黃金的300個絕技

2018年2月初版
有著作權・翻印必究
Printed in Taiwan.

定價：新臺幣320元

著　　　者	Nick Loper	
譯　　　者	許　芳　菊	
編 輯 主 任	陳　逸　華	
叢 書 編 輯	王　盈　婷	
封 面 設 計	黃　聖　文	
內 文 排 版	江　宜　蔚	

出　版　者	聯 經 出 版 事 業 股 份 有 限 公 司	
地　　　址	新北市汐止區大同路一段369號1樓	
編 輯 部 地 址	新北市汐止區大同路一段369號1樓	
叢 書 主 編 電 話	(0 2) 8 6 9 2 5 5 8 8 轉 5 3 1 6	
台 北 聯 經 書 房	台 北 市 新 生 南 路 三 段 9 4 號	
電　　　話	(0 2) 2 3 6 2 0 3 0 8	
台 中 分 公 司	台 中 市 北 區 崇 德 路 一 段 1 9 8 號	
暨 門 市 電 話	(0 4) 2 2 3 1 2 0 2 3	
台 中 電 子 信 箱	e - m a i l：l i n k i n g 2 @ m s 4 2 . h i n e t . n e t	
郵 政 劃 撥 帳 戶	第 0 1 0 0 5 5 9 - 3 號	
郵 撥 電 話	(0 2) 2 3 6 2 0 3 0 8	
印　刷　者	文 聯 彩 色 製 版 印 刷 有 限 公 司	
總 經 銷	聯 合 發 行 股 份 有 限 公 司	
發　行　所	新北市新店區寶橋路235巷6弄6號2樓	
電　　　話	(0 2) 2 9 1 7 8 0 2 2	

總 編 輯	胡　金　倫
總 經 理	陳　芝　宇
社　長	羅　國　俊
發 行 人	林　載　爵

行政院新聞局出版事業登記證局版臺業字第0130號

本書如有缺頁，破損，倒裝請寄回台北聯經書房更換。　　ISBN 978-957-08-5074-1 (平裝)
聯經網址：www.linkingbooks.com.tw
電子信箱：linking@udngroup.com

國家圖書館出版品預行編目資料

一鍵獲利：發掘共享經濟時代新商機，讓知識、技能、
物品變黃金的300個絕技/Nick Loper著. 初版. 臺北市. 聯經.
2018年2月（民107年）. 248面. 14.8×21公分（Big Ideas 14）
譯自：Buy buttons: the fast-track strategy to make extra money
　　　 and start a business in your spare time
ISBN　978-957-08-5074-1（平裝）

1.創業　2.電子商務　3.職場成功法

494.1　　　　　　　　　　　　　　　　　　　　　107000128
